Arnold Achancho

Infecções parasitárias dos ovinos e caprinos e perspectivas de controlo das carraças

Arnold Achancho

Infecções parasitárias dos ovinos e caprinos e perspectivas de controlo das carraças

ScienciaScripts

Imprint
Any brand names and product names mentioned in this book are subject to trademark, brand or patent protection and are trademarks or registered trademarks of their respective holders. The use of brand names, product names, common names, trade names, product descriptions etc. even without a particular marking in this work is in no way to be construed to mean that such names may be regarded as unrestricted in respect of trademark and brand protection legislation and could thus be used by anyone.

Cover image: www.ingimage.com

This book is a translation from the original published under ISBN 978-3-659-88852-6.

Publisher:
Sciencia Scripts
is a trademark of
Dodo Books Indian Ocean Ltd. and OmniScriptum S.R.L publishing group

120 High Road, East Finchley, London, N2 9ED, United Kingdom
Str. Armeneasca 28/1, office 1, Chisinau MD-2012, Republic of Moldova, Europe
Managing Directors: Ieva Konstantinova, Victoria Ursu
info@omniscriptum.com

Printed at: see last page
ISBN: 978-620-8-54419-5

ÍNDICE DE CONTEÚDOS

DEDICAÇÃO

A Deus Todo-Poderoso
Ao meu pai, Sr. Orock Joseph Achancho,
A minha mãe, Sra. Orock Susan Ayuk,
e à minha família.

AGRADECIMENTOS

Estou grato a Deus, que me guiou ao longo da vida e me permitiu ver, com enorme prazer, o fim deste trabalho. Estou profundamente grato ao Dr. Kenneth, J.N. Ndamukong pela disponibilização de ferramentas de trabalho, supervisão, aconselhamento e encorajamento ao longo deste período de investigação. A minha sincera gratidão vai para os meus co-orientadores: Dr. Ntonifor Nelson pelo encorajamento, sugestões críticas e supervisão deste trabalho, e Dr. Mbuh Judith pelo seu interesse especial e supervisão deste trabalho. Nunca poderei agradecer-lhes o suficiente; sem eles, esta tese não teria sido realizada.

A minha gratidão à Dra. Ntonifor Helen, à Sra. Sumbele Irene, ao Sr. Fokam Eric e ao Sr. Ajua Anthony pela sua amável assistência, aconselhamento técnico e serviços. Estendo os meus agradecimentos e apreço ao Sr. Apinjoh Tobias, que analisou os dados.

O mesmo agradecimento e apreço vão para os meus maravilhosos pais, irmãos, irmã, familiares e todos aqueles que não podem ser mencionados, pelas suas constantes orações, fé, encorajamento, bondade, curiosidade e preocupação com o meu bem-estar; acima de tudo, pelo seu amor inabalável durante todo este período.

A minha imensa gratidão vai para os agricultores de Bokova, Bonakanda e Bova pela sua cooperação durante todo o trabalho de campo. A minha gratidão vai para o Sr. Emmanuel Mondoa que me ajudou no terreno.

Os meus sinceros agradecimentos à Universidade de Buea em geral e a todo o pessoal do Departamento de Ciências Vegetais e Animais por me terem apoiado sempre que foi necessário; a todos os meus amigos, colegas de turma e pessoas próximas com quem partilhei as minhas alegrias e tristezas ao longo deste período.

RESUMO

Realizou-se uma investigação em Bokova, Bonakanda e Bova, na Subdivisão de Buea, para determinar algumas infecções parasitárias de ovinos e caprinos e testar algumas plantas disponíveis localmente quanto à sua atividade acaricida. Foram colhidas amostras fecais de 101 cabras e 11 ovelhas durante um período de 4 meses e examinadas para deteção de parasitas. Foram recolhidas amostras de carraças e ácaros dos animais para identificação.

Foram identificadas seis espécies de parasitas gastrointestinais tanto em ovinos como em caprinos, nomeadamente *Haemonchus contortus, Trichostrongylus* spp., *Oesophagostomum columbianum, Strongyloides papillosus, Trichuris ovis* e *Moniezia expansa. H. contortus* foi a espécie mais prevalente nas culturas fecais de ovinos (49,75%) e caprinos (41,25%). A prevalência global da infeção por estrôngilos em ovinos e caprinos foi de 64 e 96%, respetivamente. *A Haemaphysalis leechi* foi a única espécie de carraça identificada tanto nos ovinos como nos caprinos, com uma taxa de prevalência de 85,75% nos ovinos e 88,25% nos caprinos. *Psoroptes ovis* foi a espécie de ácaro identificada.

Um total de 4 extractos de plantas das 12 plantas analisadas quanto à atividade acaricida eram activos. Os extractos aquosos foram preparados em diferentes concentrações e utilizados para avaliar a mortalidade das carraças *Haemaphysalis leechi.* A aplicação no terreno dos extractos potentes mostrou-se promissora com *Syzygium aromaticum* e *Piper guineense.*

Este estudo revelou, assim, algumas das infecções parasitárias de ovinos e caprinos nas áreas rurais da subdivisão de Buea, bem como a atividade acaricida de 2 plantas que poderiam ser usadas para complementar o método de controlo neste local de estudo. No entanto, as plantas aqui destacadas necessitam de mais investigações para isolar e identificar os seus componentes acaricidas.

LISTA DE ABREVIATURAS

ppm	parts per million
LC	Lethal concentration
LC50	Concentration that kills 50% of ticks
LC90	Concentration that kills 90% of the ticks
LC100	Concentration that kills 100% of the ticks
ANOVA	Analysis of Variance
ml	Millilitre
X^2	Chi-square
P	Probability level
EPG	Eggs per gram
F	F- test
g	gram
^oC	Degree centigrade
%	percent

CAPÍTULO UM

INTRODUÇÃO E REVISÃO DA LITERATURA

1.1 INTRODUÇÃO

Os ruminantes são animais que ruminam e têm um sistema digestivo complicado, em que o estômago tem tipicamente várias câmaras, nomeadamente: retículo, rúmen, omaso e abomaso. Entre os animais ruminantes contam-se o veado, a girafa, o antílope, o gado bovino, o ovino e o caprino (Taylor *et al.,* 1997).

O número de pequenos ruminantes nos Camarões está estimado em 5,3 milhões e representa 14% da produção doméstica de carne (Njwe, 1989). Os ruminantes (bovinos, ovinos e caprinos) constituem uma fonte importante de proteínas animais nos regimes alimentares dos Camarões e fornecem uma grande proporção da carne que é consumida. A produção de pequenos ruminantes nos Camarões está principalmente nas mãos de agricultores de subsistência que os mantêm não só pela sua carne mas também por razões socioeconómicas (Ngole *et al.,* 2001). Nas sociedades pastoris e agrícolas de subsistência, os ovinos e caprinos podem ser mantidos como fonte de investimento e como seguro contra catástrofes. Também são utilizados em festas cerimoniais e para o pagamento de dívidas sociais. Os ovinos e caprinos têm uma função especial e extremamente importante como animais de sacrifício entre os seguidores do Islão e outros em África, na Ásia Ocidental e no subcontinente indiano e, neste contexto, o animal vivo tem um valor intrínseco que excede em muito o seu valor como produto de carne. É possível que, noutras zonas remotas, os ovinos e caprinos representem a principal fonte de rendimento dos agricultores. Por exemplo, nas zonas semi-áridas do México, calcula-se que a produção de cabras é a única fonte de rendimento de cerca de um milhão de pessoas (Devendra, 1982).

A população de cabras e ovelhas na Província do Sudoeste dos Camarões foi estimada em 106 423 e 51 983, respetivamente (Ndamukong *et al.*, 2004). Nas zonas rurais, as cabras são criadas em pastagens naturais derivadas da sucessão secundária, depois de a floresta primária ter sido cortada para criar terras agrícolas. A limitada terra arável disponível impõe uma limitação à terra de pastagem (Ndamukong *et al.*, 2004). Isto leva ao sobrepastoreio das terras disponíveis, o que predispõe as ovelhas e cabras a um risco elevado de propagação de doenças. Mais ainda, os problemas entre agricultores e pastores surgem quando as cabras ou as ovelhas invadem as explorações agrícolas, o que resulta numa maior restrição dos animais a uma área muito limitada. A maioria destes animais passa a noite em confinamentos muito pequenos, aumentando as hipóteses de propagação de doenças entre eles e também entre os animais e o homem (doença zoonótica). Na Província do Sudoeste, os pequenos ruminantes são mantidos em liberdade ou amarrados. Em geral, os ruminantes podem ser mantidos em qualquer habitat terrestre, embora as diferentes raças tenham o seu próprio ambiente favorável (Schilhorn van Veen, 1973).

O desempenho dos animais domésticos é fortemente influenciado pelo ambiente, pelos sistemas de gestão e pelas práticas de criação. Embora os animais estejam adaptados às condições climáticas e nutricionais do seu próprio ambiente, as doenças e o maneio inadequado prejudicam frequentemente a produção económica real de ruminantes. Os métodos tradicionais de criação continuam a prevalecer, tal como os problemas de doença, que estão frequentemente relacionados com os métodos de maneio (Schilhorn van Veen; 1973, Carpenter, 1998). O conceito ecológico básico é que todos os animais de um rebanho ou manada estão infestados de parasitas helmínticos e o ambiente está sempre contaminado. Isto significa que todos os ruminantes estão a transmitir helmintos nas suas fezes para as pastagens todos os dias, com a possível exceção de alguns dias após o tratamento (Reinecke, 1984). Os resultados obtidos em estudos nos Camarões (Ndamukong *et al.*, 1986) mostraram claramente que todas as pastagens estão infectadas durante todo o ano, sendo as pastagens geridas tradicionalmente as menos contaminadas. Isto explica o elevado risco de parasitismo a que os animais estão expostos, apesar do método de criação. Os animais que pastam estão expostos a parasitas e estão, portanto, constantemente a ser reinfectados. A desparasitação de rotina atrasa o desenvolvimento da imunidade nos animais jovens (Duval, 1996). Num ambiente natural, os ruminantes, embora em manadas ou bandos, estão constantemente a deslocar-se de uma área de pastagem para outra. Por isso, é raro que o solo e as ervas que comem estejam altamente contaminados. No entanto, o sistema indígena africano de criação de gado não envolve medidas básicas de controlo de parasitas, tais como a dosagem anti-helmíntica de rotina, o pastoreio rotativo e a segregação de vitelos desmamados ou cordeiros/cabritos das suas mães. Por conseguinte, é evidente que a maioria dos animais de criação adquirirá níveis variáveis de infeção por helmintas como *Haemonchus contortus* e *Fasciola hepatica.* Os helmintos zoonóticos colocam graves problemas de saúde pública em muitos países menos desenvolvidos e tropicais. Para além do impacto socioeconómico geral das doenças helmínticas nestes países, os animais domésticos estão geralmente sujeitos a uma forte pressão de infeção por mais de um parasita ou organismo causador de doenças (Harrison *et al.,* 1996).

Os artrópodes contêm mais de 80% de todas as espécies animais conhecidas e ocupam quase todos os habitats conhecidos, bem como uma infinidade de grupos pequenos e pouco conhecidos. Como resultado da sua atividade, os ectoparasitas artrópodes podem ter efeitos diretos e indirectos nos seus hospedeiros (Wall & Shearer, 2001). Os ectoparasitas, particularmente as carraças, são parasitas importantes devido à sua atividade voraz de alimentação de sangue e como vectores de vários agentes de doenças, tanto no homem como no gado (Cumming, 1998; Hendrix, 1998). A África tropical alberga um grande número de espécies de carraças e isto está sem dúvida relacionado com a grande variedade de animais selvagens que vagueiam na natureza onde não foram exterminados pelo homem (Cloudsley-Thompson, 1969). Quando os seus hospedeiros naturais são substituídos por animais domésticos (bovinos, ovinos, caprinos e cães), as carraças transferem naturalmente a sua atenção para estes (Ndamukong, 1992). As carraças são muito importantes para o homem e para os seus animais domésticos, e devem ser controladas se a produção pecuária quiser satisfazer as necessidades mundiais de proteínas animais. O seu controlo sistémico resulta quase sempre numa melhoria do ganho de peso e do rendimento dos animais (Soulsby, 1968).

Existe muito pouca informação disponível sobre os problemas de saúde dos pequenos ruminantes na Província Sudoeste dos Camarões, assim como o impacto das infecções parasitárias e as plantas indígenas disponíveis para o seu controlo. Num esforço para aumentar o nosso conhecimento sobre as infecções parasitárias nestes animais, foi necessário responder às seguintes questões:

1. Quais são os gastro-intestinais e ectoparasitas que infectam os ovinos e caprinos na região de Buea e quais são os seus padrões de infeção?
2. Que efeitos têm estas infecções parasitárias na produção de ovinos e caprinos da região?
3. Que plantas são utilizadas para controlar os ectoparasitas dos ovinos e caprinos nesta zona?
4. Quais são as eficácias destas plantas sobre os ectoparasitas?

1.2 REVISÃO DA LITERATURA

1.2.1 **Infecções parasitárias gastrointestinais**

Nas regiões tropicais, o maior constrangimento à produção de animais autóctones parece ser a interação entre a elevada incidência de doenças e os baixos níveis nutricionais. Os constrangimentos à produção de ovinos e caprinos são as doenças, os parasitas, a subnutrição, a falta de reprodutores melhorados para distribuição aos agricultores e a inadequação dos mercados (Ndamukong *et al.*, 1989).

Em todo o mundo, particularmente nas regiões tropicais, os parasitas internos representam uma das maiores limitações para os animais em pastoreio (Tritscher e Leamaster, 1998). Duval (1996), no seu estudo sobre o controlo de parasitas internos em ruminantes, referiu que é normal na natureza encontrar parasitas internos nos animais. Nas regiões tropicais, os nemátodos gastrointestinais dos ruminantes são frequentemente considerados como um dos principais obstáculos a um desempenho produtivo ótimo (Fabiyi, 1987). As perdas de produção e mesmo a morte de pequenos ruminantes têm sido atribuídas ao parasitismo gastrointestinal (Barger, 1982; Beriagaya e Aron, 1996; Tillard *et al.*, 1997).

As infecções gastrointestinais dos pequenos ruminantes incluem: infecções helmínticas (especialmente *Haemonchus contortus, Trichostrongylus* sp., *Strongyloides papillosus, Fasciola* spp. e *Taenia* spp.) e infecções por protozoários, nomeadamente coccídios e *Eimeria* spp. (Ndamukong *et al.*, 1986; Ndamukong, 1993; Ngole *et al.*, 2001). Algumas das doenças parasitárias são zoonóticas e são, portanto, transmitidas ao homem; por exemplo, *Haemonchus contortus* foi registado em seres humanos no Brasil (Robert e Janovy, 1996).

A coccidia *(Eimeiria),* um importante protozoário parasita, pode debilitar cabritos, borregos e vitelos criados em estábulo ou confinados. Vive na mucosa do intestino delgado e, em condições favoráveis, pode multiplicar-se muito rapidamente. Nos casos agudos, os coccídios provocam diarreia e mesmo diarreia sanguinolenta, enterite catarral com espessamento das mucosas e hemorragias graves. Os casos crónicos são acompanhados de perda de condição, embotamento e falta de frieza. A doença pode ser diagnosticada através da análise das fezes para deteção de um grande número de oocistos (Ministério da Agricultura, Pescas e Alimentação, 1977; Bagley, 1997; Tritscher e Leamaster, 1998).

A hemoncocose é causada por um parasita do género *Haemonchus,* o maior dos nemátodos encontrados no abomaso dos ruminantes (Tritscher e Leamaster, 1998). *O H. contortus* é o estrôngilo mais importante dos animais de criação nas regiões tropicais do mundo. A hemoncocose foi reconhecida como provavelmente o maior obstáculo ao desenvolvimento económico da produção de ovinos nas regiões tropicais (Ukoli, 1991). As infestações graves podem causar a morte do animal no prazo de uma semana após uma infeção grave, sem que este apresente quaisquer sinais clínicos. Os animais com infeção crónica apresentam anemia e perda de peso. Os vermes tendem a infetar principalmente os animais jovens; no entanto, os animais mais velhos podem desenvolver infecções graves, especialmente durante a lactação, que podem ser fatais. Nas fases finais das infecções, o animal desenvolve um inchaço por baixo da mandíbula, chamado mandíbula em garrafa (Gorski *et al,* 2004). O diagnóstico é feito através da deteção de ovos caraterísticos nas fezes.

A estrongiloidíase é bastante comum em animais não imunes lactantes (Johnstone, 1995). *O Strongyloides papillosus* ocorre no intestino delgado de ovinos, caprinos, bovinos, coelhos e ruminantes selvagens. As alterações patológicas devidas às suas infecções são: erosão da mucosa intestinal e conteúdo intestinal fluido. Os sinais clínicos consistem em anorexia, perda de peso, enterite, diarreia e anemia moderada (Soulsby, 1978; Duval, 1994). Os surtos desta doença no terreno estão geralmente associados a enterite catarral da parte superior do intestino delgado, mas são poucas as mortes (Soulsby, 1978). O diagnóstico é feito através da deteção de ovos caraterísticos nas fezes.

A fasciolíase é uma doença economicamente importante causada por trematódes digenéticos do género *Fasciola. F. hepatica* e *F. gigantica* são as duas espécies normalmente associadas à doença, e são ambas transmitidas por caracóis da família Lymnaeidae (Haroun e Hillyer, 1986). Embora *a F. hepatica* tenha uma vasta gama de hospedeiros vertebrados, é principalmente um parasita de ruminantes domésticos (bovinos, ovinos e caprinos), causando uma grande perda económica em todo o mundo (Soulsby, 1982). O diagnóstico é feito através da deteção de ovos *de Fasciola* nas fezes.

A teníase, causada pela infestação por ténias, é comum em pequenos ruminantes e pode resultar em alguma perda de peso em animais mais jovens (Schilllhorn van Veen, 1973). As espécies mais frequentemente encontradas nos animais domésticos são a *Moniezia expansa* e *a M. benedeni* (Roberts & Janovy, 1996).

1.2.2 **Infecções ectoparasitárias**

Entre os ectoparasitas, as carraças são parasitas externos sugadores de sangue muito importantes e prejudiciais para mamíferos, aves e répteis em todo o mundo (Furman e Loomis, 1984). A importância médica e económica das carraças foi reconhecida há muito tempo devido à sua capacidade de transmitir doenças aos seres humanos e aos animais. As carraças constituem um problema veterinário porque produzem paralisia ou toxicose e causam danos físicos ao gado (Klompen *et al.*, 1996). No entanto, as principais perdas causadas pelas carraças devem-se à sua capacidade de transmitir protozoários, rickettsias e doenças virais do gado, que são de grande importância económica a nível mundial. As doenças de protozoários transmitidas por carraças (por exemplo, teileriose e babesiose), as doenças rickettsiais (por exemplo, anaplasmose, cowdriose) e a dermatofilose associada às carraças são problemas de saúde e de gestão importantes para o gado em muitos países em desenvolvimento.

A anaplasmose é uma doença bacteriana transmitida por carraças que causa iterícia, anemia e debilitação principalmente em bovinos, mas também em ovinos e caprinos. *O Anaplasma marginale,* o mais patogénico, e o *A. centrale* infectam os bovinos e os ruminantes selvagens, enquanto *o A. ovis* está presente nos ovinos e caprinos. Dado que o anaplasma ataca os glóbulos vermelhos, a anemia e a iterícia aparecem em 3-4 semanas, e os animais mais velhos e mais susceptíveis podem morrer. Outros podem mostrar sinais de agressividade, anorexia e fraqueza ou falta de vontade de se moverem (Muktar & Shank, 1994). Embora a anaplasmose seja transmitida por carraças, também é transportada por moscas que picam (Devandra, 1982).

A babesiose ou febre da carraça em muitos animais é causada por várias espécies de *Babesia* amplamente distribuídas que são transmitidas por carraças sugadoras de sangue (Willian *et al,* 2004). Geralmente, 7 a 10 dias depois de as carraças contaminadas se fixarem nos animais, a temperatura aumenta, seguida de anorexia, fraqueza, salivação e diarreia. A destruição dos glóbulos vermelhos provoca um aumento da respiração, do ritmo cardíaco e uma alteração da cor da urina para castanho escuro (Muktar & Shank, 1994).

1.2.3 **Prevalência de infecções parasitárias em ovinos e caprinos**

Fabiyi (1970) estudou 150 cabras anãs da África Ocidental (WAD) da zona de Zaria e encontrou 89,56,5,47 e 40 % dos animais infectados com *Haemonchus* spp, *Trichuris* spp, *Trichostrongylus columbriformis, Oeophagostomum columbianum e Strongyloides papillosus,* respetivamente. As infecções mistas são frequentemente encontradas no campo, dando origem a um complexo de sintomas e efeitos na saúde e na produção, que variam consideravelmente (Clarke, 1963). Assoku (1981) demonstrou que as infecções helmínticas únicas são menos comuns nos ovinos do que nos caprinos (12,2% e 13,2%, respetivamente) e indicou uma elevada infeção mista em ambas as espécies hospedeiras. Nos caprinos, as infecções mais comuns foram *Trichostrongylus axei* (28,7%), *Haemonchus contortus* (21,0%), *Trichostrongylus columbriformis* (5,5%), *Moniezia expansa* (4,6%) e *Fasciola gigantica* (2,5%).

A prevalência de *Fascola gigantica* em caprinos abatidos no matadouro municipal de Ibadan, na Nigéria, variou entre 2,5 e 7,5% (Mbuh, 1997). As culturas fecais efectuadas por Chandrawathani *et al.* (1999) indicaram que *Haemonchus contortus* era o trichostrongylid mais comum dos ovinos e caprinos em todas as explorações estudadas, com uma prevalência de 85-90%.

Num estudo efectuado para determinar a prevalência e a abundância sazonal dos ovos e das fases adultas de parasitas nemátodes de ovinos e caprinos na Nigéria, foram recuperados 3 tipos de ovos de nemátodes, sendo o tipo de ovo strongyle (22.5% em ovinos e 35,4% em caprinos) foi o mais prevalente, seguido respetivamente pelos tipos de ovos *Trichuris* (5,9% em ovinos e 4,1% em caprinos) e *Strongyloides* sp. (4,9% em ovinos e 4,1% em caprinos) (Nwosu *et al.,* 2007). Um estudo epidemiológico baseado em exames post-mortem efectuados na Gâmbia por Fritsche *et al.* (1993) mostrou que mais de 95% dos ovinos e caprinos estavam infectados com nemátodos gastrointestinais.

Estudos sobre helmintas em ovinos no sudoeste da Mauritânia revelaram que *o Haemonchus contortus* era o verme mais prevalente, enquanto os estrôngilos do trato digestivo e a infeção por

Strongyloides papillosus eram sempre muito ligeiras (< 20%). As mudanças sazonais na prevalência de helmintos gastrointestinais em cabras nigerianas mostraram: *Haemonchus contortus* (90,0%), *Strongyloides papillosus* (80,8%), *Trichostrongylus columbriformis* (78,3%), *T. axei (69,2%), Trichuris ovis* (72,5%), *Trichostrongylus globulosa* (38,3%), *Oesophagostomum columbianum* (67.5%), *Cooperia curticei* (58,3%), *Gaigeria pachyscelis* (40,8%), *Skrjabinema ovis* (5,0%), *Nematodirus battus* (5,8%), *Moniezia expansa (29,2%), M. benedeni (10,0%), Paramphistomum* spp (50%) e *Cysticercus tenuicollis* (33,3%) (Nwosu *et al,* 1996). Estudos sobre a prevalência de infecções parasitárias internas por protozoários e helmintas em rebanhos de caprinos e ovinos na Polónia mostraram que a prevalência de infecções parasitárias internas era mais elevada nos caprinos do que nos ovinos (Gorski *et al.*, 2004).

Estudos sobre a epidemiologia das infecções helmínticas em ovinos e caprinos anões da África Ocidental sob o sistema de criação tradicional prevalecente no leste da Nigéria revelaram infecções devidas a *Haemochus contortus* (87,1%), *Trichostrongylus* spp. (63,80%), metacestodes de *Taenia hydatigena* (30.2%), *Oesophagostomum columbianum* (22,4%), *Strongyloides* spp (18,8%), *Cooperia* spp. (17,2%), *Gaigeria pachyscelis* (6,0%), *Moniezia expanza* (6,0%), *Bunostomum trigonocephalum* (4,3%), *Trichuris ovis* (3,5%), *Capillaria* spp (0,9%) e Paramphistomes (0,9%) (Fakae, 1990). Estudos sobre a prevalência e os factores de risco associados ao parasitismo gastrointestinal na Oromia ocidental revelaram que a prevalência global de parasitas gastrointestinais era de 69,6%, com 50,2%, 75,3% e 84,1% em bovinos, ovinos e caprinos, respetivamente (Fikru *et al,* 2006). A atividade sazonal dos nemátodos gastrointestinais em caprinos na região de Burder, na Turquia, foi investigada e os resultados mostraram que *Ostertagia circumcinta* (78%), *Marshallagia marshalli* (72%), *Nematodirus abnormalis* (66%), *Trichuris ovis* (60%), *N. spathiger* (52%), *T. skrjabini* (50%) e *Trichostrongylus vitrinus* (40%) foram os nemátodos detectados com maior frequência (Bayram, 2005).

A prevalência de parasitas externos de caprinos e ovinos no deserto do sudeste do Egito revelou duas espécies de piolhos mordedores (*Ovicola caprae* e *O. Ovis)* e duas espécies de piolhos sugadores (*Linognathus africanus e L. stenopsis*) em caprinos, e duas espécies de *Rhipicephalus* e uma espécie de *Haemaphysalis* em caprinos e ovinos (Baky, 2001). Ndamukong (1992) estudou a variação sazonal da infestação por carraças em ovinos e caprinos sob dois sistemas de maneio em Mankon, Camarões, e referiu que a taxa de prevalência e a intensidade da infestação eram geralmente mais baixas durante a estação seca do que durante a estação das chuvas.

Uma investigação sobre ectoparasitas de ovinos e caprinos realizada no Irão revelou uma prevalência de 8,2% de ectoparasitas (carraças, ácaros, piolhos e pulgas). As carraças foram os ectoparasitas mais frequentes; nos ovinos, 90,7, 6,9,2,4, 2,6, 58,8, 76,6, 29,4 e 2,6% estavam infestados com *R. bursa, R. bangguinus, Boophilus annulatus, Ornithodorous lahorensis, Damakina ovis, Haematopinus* spp, *Linognathus ovillus e Sarcoptes scabiei*, respetivamente, enquanto nos caprinos, 88.3, 11,4, 62,2, 71,4, 36,1 e 16,8% estavam infestados com *R. bursa, R. sanguinus, Haematopinus* spp, *Damalina caprae, Linognayhus stenopsis* e *Ctenocephalides felis*, respetivamente (Yakhchali e Hosseine, 2006).

Foi realizado um estudo sobre carraças em ovinos, caprinos e bovinos em quatro áreas geográficas diferentes do Irão, e os resultados mostraram que a prevalência de carraças nestes animais era de 62%, 55% e 57%, respetivamente (Rahbari *et al,* 2007).

1.2.4 **Importância económica das doenças parasitárias**

A helmintíase é um dos principais problemas de doença dos bovinos, ovinos e caprinos. No Chade, estima-se que haja uma perda de 11,3% do valor económico total dos ovinos e caprinos; para além das perdas devidas à falta de vigilância e condições relacionadas, 3,5% dos animais morrem e outros 3,5% são abatidos in extremis (Grabber, 1965).

As perdas económicas causadas pela fasciolíase podem ser muito graves, particularmente quando as condições ambientais locais são conducentes a taxas de transmissão elevadas e persistentes. Nessas situações, os animais estão sempre expostos a grandes doses de infecções, que por vezes se manifestam sob a forma de surtos de uma doença aguda com elevada mortalidade (Haroun e Hillyer, 1986) e de redução da produtividade da carne, do leite e da lã em infecções crónicas (Ogunrinade, 1987). De importância económica global ainda maior são os efeitos dramáticos, mas insidiosos, a longo prazo e deletérios da doença emaciante crónica. Para além do efeito direto sobre a saúde, a produção e a taxa de mortalidade, os custos dos anti-helmínticos representam uma grande perda (Clarke, 1963).

1.2.5 **Factores que determinam a suscetibilidade à infeção**

1) ***Idade e peso:*** A idade e o peso dos animais influenciam a sua suscetibilidade aos parasitas. Os animais jovens são menos imunes aos parasitas durante o seu primeiro ano de pastagem, enquanto que no segundo ano têm uma imunidade parcial, parecem saudáveis e excretam muitos ovos. Os animais adultos são muito menos susceptíveis à maioria dos parasitas, a não ser que estejam em más condições de vida (Duval, 1996).

2) ***Nutrição e maneio:*** Está provado que a alimentação influencia a gravidade da infeção e a capacidade dos parasitas para invadir os tecidos e produzir lesões (Rick, 1970). A escassez de alimentos agrava muitas vezes os danos causados pelos parasitas, fazendo com que os efectivos caprinos sofram grandes perdas devido à diminuição da sua resistência (Kurtze, 1982). As limitações nutricionais, sobretudo durante a estação das chuvas, afectam a saúde e a produtividade dos caprinos das aldeias. A subnutrição, frequentemente encontrada pelos animais sob maneio tradicional, afecta a resistência natural destes animais às doenças (Osaer, 1999). Ndamukong *et al.* (1989) afirmaram que uma melhor nutrição, especialmente durante a estação seca, melhoraria as taxas de crescimento e poderia ter um impacto sobre a suscetibilidade às doenças e, portanto, sobre a mortalidade. A nutrição desempenha um papel importante nos ganhos de peso vivo e na taxa de recuperação da anemia causada por estas infecções (Katunguka-Rwakishaya *et al.,* 1995, 1998). Um animal é capaz de

resistir ou tolerar melhor os parasitas internos quando as suas condições de vida são boas. Variando factores como a densidade populacional e os grupos etários, podem evitar-se infecções graves.

3) ***Imunidade:*** Um animal que nunca teve vermes não é resistente ou imune e é, portanto, extremamente vulnerável quando exposto a um parasita. Idealmente, os animais em pastoreio, particularmente os mais jovens, deveriam ingerir pequenas quantidades de parasitas para desenvolver progressivamente a imunidade (Duval, 1996). Embora isto não seja aplicável a todas as espécies de parasitas internos, os nemátodos gastrointestinais dos ruminantes evocam uma grande variedade de respostas imunitárias nos seus hospedeiros. As infecções com nemátodos gastrointestinais podem aumentar os níveis circulatórios de hormonas relacionadas com o stress. A capacidade destes parasitas de inibir o sistema imunitário do hospedeiro através de mecanismos imunitários específicos ou por meios mais gerais, como a estimulação de níveis aumentados de imunossupressores conhecidos, como os corticoesteróides, pode prejudicar significativamente a saúde e a produtividade do hospedeiro, especialmente em condições nutricionais marginais (Gasbarre, 1997).

4) ***Influência sazonal:*** A disponibilidade imediata de larvas infectantes nas pastagens durante a estação das chuvas influencia invariavelmente a infeção. No Noroeste dos Camarões, as contagens mais elevadas para a maior parte das espécies de parasitas foram obtidas durante a estação das chuvas; as contagens de ovos, tanto de ovinos como de caprinos, caíram drasticamente no início da estação seca e permaneceram baixas até abril, independentemente do sistema de maneio ou da frequência do tratamento anti-helmíntico (Ndamukong *et al.,* 1986).

1.2.6 Controlo do parasitismo

1.2.6.1 Controlo dos parasitas gastrointestinais

O controlo de um parasita explora o conhecimento do ciclo de vida do parasita, o padrão de infeção das pastagens, o tempo de vida do verme adulto, a sobrevivência das larvas infectantes nas pastagens, o aumento periparturiente da produção de ovos e a pressão de seleção para a resistência aos medicamentos (Tritschler e Leamaster, 1996). As estratégias modernas de controlo integram a gestão das pastagens e a utilização de anti-helmínticos.

Outros factores essenciais para o controlo dos parasitas internos são a gestão das pastagens. Os métodos de pastoreio controlado permitem que as pastagens descansem e que a vida do solo funcione bem, e a contaminação pode ser reduzida. Esta redução ocorre porque os organismos do solo, incluindo as minhocas, os escaravelhos do estrume e os fungos nematófagos, destroem os ovos e as larvas dos parasitas. A altura do pasto pode afetar os parasitas. A maioria das larvas de vermes rasteja apenas uma polegada do solo para as plantas, pelo que não permitir que os animais pastem abaixo desse ponto reduzirá muita infestação. Por outras palavras, se as pastagens permanecerem sem pastoreio durante mais de doze meses, considera-se que se trata de uma pastagem limpa, na qual não terá havido contaminação por larvas de parasitas.

O pastoreio alternado de duas ou mais espécies de ruminantes tem-se revelado útil no controlo de algumas espécies de parasitas. Por exemplo, os bovinos, ovinos e caprinos raramente competem pelo mesmo tipo de pastagem porque as espécies preferem forragens de diferentes tipos e comprimentos. A exploração de gado em pastagens que tiveram ovelhas a pastar ajuda a quebrar o ciclo de vida dos parasitas das ovelhas, uma vez que as ovelhas e o gado não têm as mesmas espécies de vermes a infestá-las (Wells *et al,* 2000). Isto afecta a carga parasitária de cada espécie de pastagem, uma vez que a transmissão depende da ingestão das larvas do parasita em certas partes da forragem. O pastoreio racional também foi considerado eficaz para reduzir a carga de parasitas nos ruminantes. Alguns agricultores adoptaram uma abordagem muito bem sucedida, em que as pastagens são subdivididas e os animais são pastoreados intensivamente durante um curto período de tempo, com uma densidade animal mais elevada, quando a forragem se encontra na fase jovem e de crescimento ativo. Logo que esta área esteja esgotada, todos os animais são transferidos para novos pastos. A primeira área é então deixada para produzir feno colhível que, quando enfardado e removido, elimina a maior parte das larvas infectantes. Se este tipo de rotação for cuidadosamente planeado, os animais podem regressar à pastagem original quando o novo crescimento, após a produção de feno, for mais nutritivo. O produtor ganha com a melhoria da nutrição, a diminuição da carga parasitária e a redução do custo dos medicamentos.

Os parasitas gastrointestinais podem ser tratados por quimioterapia anti-helmíntica; no entanto, o tratamento é dispendioso e a resistência aos medicamentos desenvolveu-se em todas as principais espécies de parasitas (Ross, 1997; Zajac e Gipson, 2000; Vaeless, 2002). O tratamento anti-helmíntico intensivo continua a ser o método preferido pelos agricultores para controlar os parasitas internos nos seus rebanhos ou manadas, em vez da gestão das pastagens e da desparasitação estratégica (Chandrawathani *et al.,* 1999). No entanto, isto não é isento de deficiências. Apesar do sucesso no desenvolvimento de anti-helmínticos na última parte do século passado, as infecções helmínticas continuam a desempenhar um papel significativo na limitação da produtividade do gado, particularmente a dos pequenos ruminantes, em todo o mundo (Waller, 2006). O aparecimento, nas últimas décadas, de populações de vermes parasitas que desenvolveram resistência a um ou mais dos grupos anti-helmínticos disponíveis tem ameaçado a produtividade do gado a nível mundial (Sangster, 1999; Jackson & Coop, 2000; Kaplan, 2004; Miller & Waller, 2004; Waller, 2006). Devido ao clima tropical com temperaturas elevadas e precipitação mais ou menos contínua ao longo do ano, os agricultores praticam habitualmente a utilização frequente e indiscriminada de um anti-helmíntico. Este facto levou a um aumento do número de explorações que comunicam a ineficácia destes medicamentos. Chandrawathani *et al.* (1999) registaram a resistência de explorações caprinas ao benzimidazol (75%) e ao levamisol (57%). A resistência aos anti-helmínticos está a aumentar rapidamente nos parasitas dos pequenos ruminantes e este grave problema parece estar muito difundido nas regiões húmidas e subtropicais do mundo (Waller, 1997a, 1997b).

1.2.6.2 Controlo das carraças

Existem várias formas de controlar as carraças, mas cada método tem certas deficiências. O princípio mais importante do controlo das carraças é impedir que elas se alimentem e se desenvolvam no animal, especialmente as carraças fêmeas, de modo a impedir a transmissão de doenças e a propagação da descendência (Saidu, 1990). O tipo de carraças a controlar e a intensidade sazonal dessas carraças são geralmente considerados.

1. Controlo químico das carraças

São utilizados vários métodos para controlar as carraças e as doenças transmitidas por elas. Atualmente, a principal arma para o controlo das carraças é a utilização de acaricidas químicos. Os acaricidas utilizados para controlar as carraças no gado ou no ambiente são aplicados de forma a que as carraças sejam mortas, mas não prejudiquem o gado ou os aplicadores, os tecidos dos animais tratados não contenham resíduos químicos e o ambiente não seja afetado negativamente (Drummond, 1983). Os métodos de controlo convencionais incluem a utilização de acaricidas químicos, com resultados parcialmente bem sucedidos, embora este tratamento tenha alguns inconvenientes implícitos, como a presença de resíduos no leite e na carne e o desenvolvimento de estirpes de carraças resistentes aos produtos químicos (Willadsen e Kemp, 1988; Nolan, 1990). O controlo químico com acaricidas foi considerado um dos melhores métodos, mas recentemente foi demonstrado que as carraças desenvolveram resistência contra uma série de acaricidas (Martins *et al,* 1995). A utilização de acaricidas tem desvantagens, como a seleção de populações de carraças resistentes e efeitos nocivos para os animais, os seres humanos e o ambiente (Garcia-Garcia *et al.,* 2000). O desenvolvimento de novos acaricidas é um processo longo e dispendioso, o que reforça a necessidade de abordagens alternativas para controlar as infestações por carraças (Graf *et al.,* 2004).

O controlo da infestação de carraças através da utilização de acaricidas é um dos métodos que podem ser utilizados para reduzir as doenças transmitidas por carraças (Spickett e Fivaz, 1992). Uma vasta gama de acaricidas, incluindo arsénicos, hidrocarbonetos clorados, organofosforados, carbamatos e piretróides sintéticos, é utilizada para controlar as carraças no gado. O desempenho de um acaricida no controlo das carraças depende não só da atividade de um produto, mas também da qualidade e da quantidade de ingrediente ativo depositado no animal ou administrado internamente (George, 2000).

a) Arsénio

A utilização de arsénio foi o primeiro método eficaz de controlo das carraças e das doenças transmitidas por carraças, tendo sido utilizado em muitas partes do mundo antes de a resistência a este produto químico se tornar um problema (George, 2000). Tem as seguintes vantagens em relação a outros acaricidas químicos: é barato, estável e solúvel em água (Drummond, 1983). É utilizado principalmente sob a forma de compostos solúveis em água, como o arsenito de sódio. É eficaz no controlo das carraças do género *Boophilus*. Infelizmente, o arsénio tem uma ação residual muito curta (menos de um ou dois dias) e, na maior parte das regiões do mundo, as carraças *Boophilus* tornaram-se resistentes ao arsénio (Drummond, 1983).

b) Hidrocarbonetos clorados

Trata-se de acaricidas sintéticos. A resistência aos arsenicais desenvolveu-se em muitas espécies de carraças (Mattewson e Baker, 1975; Angus, 1996) e foi substituída por hidrocarbonetos clorados (Graham e Hourrigan, 1997). É muito persistente e tem sido amplamente utilizado em todo o mundo para controlar as carraças. De particular interesse são o hexacloreto de benzeno e o toxaofeno (Drummond, 1983). Devido à sua elevada toxicidade e longa duração de vida, estes compostos foram, na sua maioria, retirados do mercado (Spickett, 1998).

c) Compostos organofosforados

Os organofosforados foram introduzidos por volta de 1950, em substituição dos hidrocarbonetos clorados, aos quais se tinha registado uma resistência significativa (Shanahan e Hart, 1983). Têm uma vasta gama de actividades contra as carraças em concentrações muito baixas nos animais de companhia e nos animais de criação. No entanto, a sua eficácia residual é geralmente mais curta do que a dos hidrocarbonetos clorados e o risco de causar toxicidade aguda nos animais é maior (Drummond, 1983). Atualmente, sabe-se que várias espécies de carraças são resistentes aos acaricidas organofosforados (Wharton, 1967).

d) Carbamatos

São ésteres de ácidos carbâmicos e assemelham-se muito aos organofosforados (Spickett, 1998). São um pouco mais tóxicos e mais caros do que os organofosforados.

Têm sido utilizados os seguintes métodos para a aplicação de acaricidas nos animais: imersão, pulverização, marcação auricular ou aplicação direta. A aplicação direta de acaricidas aos animais é o método mais popular de controlo das carraças nos animais de criação (Drummond, 1983).

2. Controlo biológico

Recorre-se aos inimigos naturais das carraças, como as formigas, as aves (garça branca, pica-pau) que consomem grandes quantidades de carraças no solo ou nos animais (Saidu, 1990).

3. Controlo físico

a) Remoção manual de carraças pelos proprietários. Este método implica uma tendência para a remoção de carraças grandes, mas ainda assim não atinge 100% de remoção.

b) Alteração dos micro-habitats onde as carraças põem os seus ovos através de desmatamento, cultivo e construção (Saidu, 1990).

c) Remoção dos animais susceptíveis durante algum tempo para novos locais.

d) Ortografia das pastagens.

As desvantagens actuais dos produtos acaricidas químicos impedem a sua utilização pelos agricultores de subsistência. Para resolver este problema no Malawi, têm sido utilizados extractos de plantas para controlar alguns dos ectoparasitas, especialmente carraças (Kambewa e Phoya, 1997). Algumas misturas de ervas com 70% de eficácia para o controlo de carraças também foram relatadas por Regassa (2000). A atividade acaricida da kupetaba (uma mistura moída de folhas de tabaco secas e de um mineral chamado soda magadi) foi investigada em *Rhipicephalus appendiculatus* e os resultados mostraram que as larvas e ninfas foram mortas no prazo de 24 horas após a aplicação da substância nas orelhas dos vitelos, enquanto um grande número de carraças também foi morto no prazo de 2-3 dias após a aplicação durante experiências *in vitro* (Dipeolu e Ndungu, 1991).

Foi realizado um estudo sobre a atividade acaricida de espuma de sabão contendo óleo essencial de folhas de *Ageratum haustonianum* em carraças *Rhipicephalus lunulatus* nos Camarões.

Os resultados mostraram que a solução era tóxica para as carraças (Pamo *et al.,* 2005). Foi determinada a composição química e os efeitos acaricidas dos óleos essenciais das folhas de *Chenopodium ambrosiodes* e *Eucalyptus saligna* sobre as carraças *Rhipicephalus lunulatus* das cabras anãs da África Ocidental nos Camarões Ocidentais. Os resultados revelaram que os óleos essenciais estudados são tóxicos para as carraças (Pamo *et* a.l, 2004).

Uma planta arbustiva abundante no leste do Quénia, *Gynandropsis gynandra,* demonstrou ter propriedades repelentes e acaricidas para as larvas, ninfas e adultos das carraças *Rhipicephalus appendiculalus* e *Amblyomma variegatum*. Todas as fases das carraças evitaram as folhas da planta e uma elevada percentagem das carraças que foram continuamente expostas às folhas morreram; as carraças sugadoras ficaram fracas e inactivas, mas recuperaram a atividade quando expostas ao ar fresco (Malonza *et al.,* 1992). Estudos sobre as propriedades acaricidas do óleo essencial de *Melaleuca alternifolia* cheel (óleo da árvore do chá), contra ninfas de *Ixodes ricinus*, mostraram que o óleo da árvore do chá (TTO) tem propriedades acaricidas e pode ser extremamente útil no controlo de carraças que são vectores eficientes de agentes patogénicos (Iori *et al.,* 2003).

1.3 JUSTIFICAÇÃO

Há pouca informação sobre o impacto das infecções parasitárias externas e gastrointestinais em pequenos ruminantes na Província Sudoeste dos Camarões, onde a produção animal é praticada principalmente por agricultores de subsistência. Os medicamentos utilizados para o controlo de ectoparasitas e helmintas gastrointestinais são dispendiosos. Os acaricidas utilizados são venenosos para os criadores, poluem o ambiente e não estão facilmente disponíveis, o que se deve ao desenvolvimento de resistências, que foi registado quando estes medicamentos e produtos químicos foram utilizados repetidamente (Wilson, 1986). A melhoria do método de criação, associada a um controlo adequado dos parasitas, aumentará a disponibilidade de proteínas animais provenientes de ovinos e caprinos. Espera-se também que a utilização de plantas com propriedades acaricidas evite ou limite a utilização de produtos químicos sintéticos dispendiosos, aumente ainda mais a produção de pequenos ruminantes, crie mais oportunidades de emprego e melhore os rendimentos económicos, a nutrição e a saúde das pessoas.

1.4 HIPÓTESES NULAS

1. Os parasitas externos e gastrointestinais não constituem um problema nos ovinos e caprinos geridos de forma tradicional numa zona rural da Subdivisão de Buea.
2. Não existem plantas com propriedades acaricidas disponíveis localmente nesta zona.

1.5 OBJECTIVOS

1.5.1 Objetivo principal

O objetivo principal deste estudo foi identificar as doenças parasitárias dos ovinos e caprinos na Subdivisão de Buea e avaliar a eficácia dos extractos de plantas contra as carraças.

1.5.2 Objectivos específicos

1. Identificar os ectoparasitas gastrointestinais e ectoparasitas de ovinos e caprinos numa zona rural da Subdivisão de Buea.
2. Determinar a prevalência e a intensidade da infeção durante o período de estudo.
3. Seleção de algumas plantas disponíveis localmente para a deteção de propriedades acaricidas.

CAPÍTULO DOIS

MATERIAIS E MÉTODOS

2.1 LOCAL DE ESTUDO E ANIMAIS

O estudo foi efectuado em cabras e ovelhas anãs dos Camarões em Bova, Bonakanda e Bokova, todas elas aldeias na Subdivisão de Buea, na Província do Sudoeste dos Camarões. Foram colhidas amostras de fezes e ectoparasitas quinzenalmente durante um período de quatro meses (março a junho). Os animais foram selecionados com base no consentimento do agricultor. O sexo e a idade de cada animal foram determinados antes da recolha da amostra, como se descreve a seguir.

2.2 DETERMINAÇÃO DA IDADE

A idade dos animais foi estimada a partir da sua dentição; uma vez que os incisivos temporais são substituídos por incisivos permanentes a intervalos de tempo mais ou menos regulares, o número de incisivos permanentes dá então uma estimativa razoável da idade do animal até cerca de quatro anos. Antes de cada recolha de amostras, a boca do animal foi aberta e a dentição inspeccionada para determinar a idade do animal. Os caprinos, ovinos e a maior parte dos outros ruminantes têm apenas quatro pares de incisivos permanentes no maxilar inferior, designados como no diagrama abaixo.

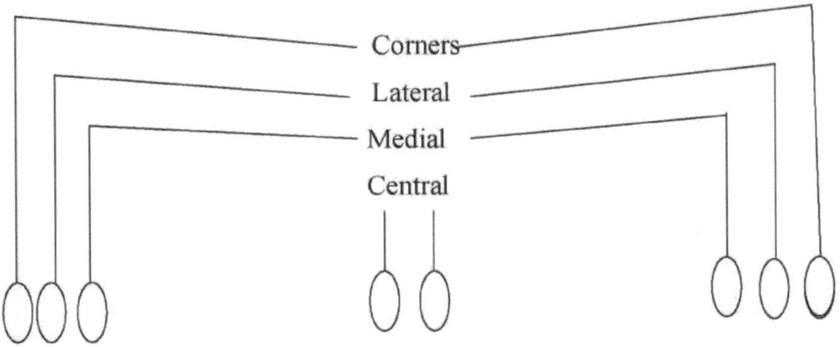

Fig. 1: O padrão de dentição dos pequenos ruminantes

As idades aproximadas dos caprinos e ovinos foram determinadas com base no seguinte padrão de dentição:

12-18 meses	oooOOooo	(dois dentes) central permanente.
19-24 meses	ooOOOOoo	(quatro dentes) permanente medial
25-30 meses	oOOOOOOo	(seis dentes) laterais permanentes
31-36 meses	OOOOOOOO	(boca cheia) cantos permanentes.
>37 meses	OOOΔΔOOO	(dentes partidos)
Envelhecido	OOO OOO	(falta de dentes)

Os "o" pequenos representam dentes temporais, os "O" grandes dentes permanentes, û representa dentes partidos e "em branco" indica dentes em falta (McNitt, 1983).

2.3 RECOLHA E EXAME DE AMOSTRAS PARA DETECÇÃO DE ECTOPARASITAS

No que respeita aos ectoparasitas, a pele de cada animal foi cuidadosamente examinada para detetar as espécies maiores (carraças, ácaros, pulgas e piolhos), que eram facilmente visíveis e reconhecidas a olho nu. Foram recolhidos diretamente de um hospedeiro utilizando pinças de tamanho adequado e escovando o hospedeiro sobre um jornal estendido. Após a recolha dos ectoparasitas, estes foram contados e mantidos em tubos de recolha para identificação no laboratório. A identificação das carraças foi feita com base nas caraterísticas morfológicas observadas por meio de um estereomicroscópio e comparadas com as chaves morfológicas existentes. Nos casos em que a infestação era intensa, as contagens foram feitas num dos lados do animal e utilizadas para extrapolar a intensidade em todo o corpo através da multiplicação por 2. Para examinar os ácaros, foram obtidas raspagens de pele com uma lâmina de bisturi romba da periferia das lesões cutâneas activas, incluindo a face atrás do focinho, a parte posterior da orelha, o cotovelo, a região esternal, a base da cauda, a parte posterior da coxa e outras áreas suspeitas da pele. Alguns dos materiais recolhidos, incluindo pêlos, foram colocados numa lâmina de microscópio, tendo sido adicionada uma gota de glicerina ou parafina líquida, seguida de uma lamela e observados imediatamente utilizando a objetiva de baixa potência de um microscópio. Colocou-se outro material na lâmina, ao qual se adicionaram algumas gotas de hidróxido de potássio a 10% para amolecer o esmagamento e as escamas dos animais. A preparação na lâmina foi suavemente pressionada numa camada uniforme com uma lamela, tendo o cuidado de excluir bolhas de ar, antes de ser examinada ao microscópio.

2.4 RECOLHA E EXAME DE AMOSTRAS DE FEZES

As amostras fecais foram colhidas diretamente do reto de cada animal em sacos de polietileno etiquetados e levadas para o laboratório para exame e identificação de parasitas internos (Ngole *et al.*, 2001).

2.4.1 Técnica de contagem de McMaster para estimar a produção de ovos de nemátodos

Foram estimados três gramas de fezes pegando numa colher de chá cheia da amostra fecal e colocando-a num coador de café numa tigela. Deitou-se na taça cerca de 30 ml de solução saturada de sal/açúcar (preparada adicionando 400 g de cloreto de sódio ou sal de cozinha a 500 g de açúcar em 1000 ml de água fervida e mexendo continuamente durante cerca de 10-15 minutos). A suspensão foi lavada para um frasco de 45 ml e completada até à marca com a solução saturada de sal/açúcar. Enquanto se agitava a suspensão, foi recolhida uma amostra com uma pipeta Pasteur para encher ambos os lados de uma câmara de contagem McMaster. A câmara de contagem foi deixada em repouso durante cinco minutos e depois examinada ao microscópio com uma ampliação de 10x10.

Todos os ovos que se encontravam nas zonas gravadas de ambas as câmaras foram contados e o número de ovos por grama de fezes foi calculado multiplicando o número total de ovos das duas câmaras por 50. Se a técnica de McMaster não revelasse ovos, a suspensão fecal era vertida para um tubo de ensaio de 15 ml e colocada num suporte para tubos de ensaio. A extremidade do tubo de ensaio foi suavemente coberta com a suspensão, deixando um menisco convexo; uma lamela foi então colocada no topo do tubo e deixada em repouso durante 20 minutos. Em seguida, a lamela foi cuidadosamente levantada, juntamente com a gota de líquido aderente, e imediatamente colocada numa lâmina de microscópio para exame e contagem dos ovos observados.

O número de ovos por grama de fezes foi então calculado utilizando a fórmula: Contagem X 20 /v (V=volume total da solução saturada de sal/açúcar utilizada, que neste caso foi de 15 ml).

2.4.2 **Identificação de larvas de 3.ºestádio**

As amostras fecais combinadas de cabras e ovelhas foram recolhidas separadamente. As amostras fecais foram colocadas em frascos de cultura etiquetados e mantidas num armário escuro à temperatura ambiente durante duas semanas. As culturas foram ocasionalmente humedecidas com água e agitadas para inibir o crescimento de fungos e também arejar as camadas inferiores (Ministério da Agricultura, Pescas e Alimentação, 1977).

Ao fim de duas semanas, o frasco de cultura foi inundado com água e deixado em repouso durante pelo menos 4 horas, após o que o sobrenadante foi peneirado através de um tecido Kleenex colocado num pano de musselina. Partiu-se do princípio de que, durante o período de repouso, as larvas do 3.ºestádio migraram das fezes para a água. Ao peneirar o tecido Kleenex e a tela de musselina, as larvas ficaram presas no tecido Kleenex. A tela de musselina e o tecido foram imersos no funil do aparelho Baermann contendo água e deixados em repouso durante a noite para permitir que as larvas migrassem através da tela para o fundo do funil, de onde foram retiradas larvas limpas para exame.

Para examinar e identificar as larvas do 3.ºestádio, colocou-se uma pequena gota da suspensão de larvas numa lâmina de microscópio e adicionaram-se algumas gotas de solução de iodo de Lugol para corar e imobilizar as larvas. Em seguida, as larvas foram observadas na objetiva x10 de um microscópio composto Leica Galen III calibrado, equipado com uma grelha ocular no plano focal da ocular, para medir o comprimento total e a extensão da bainha da cauda para além da cauda das larvas

(Ngole, 2000).

2.5 RECOLHA DE PLANTAS E PREPARAÇÃO DE EXTRACTOS

As plantas-alvo utilizadas neste estudo foram colhidas na Divisão Fako ou compradas no mercado local. As plantas selecionadas, com base em informação etnobotânica e/ou conhecimento quimio-taxonómico , foram *Piper guineense* (Piperaceae), *Nicotiana tabacum* (Solanaceae), *Lagenaria siceraria* (Cucurbitaceae), *Ipomae purpurae* (Convulvulaceae), *Syzygium aromaticum* (Myrtaceae), *Aframomum citratum* (Zingiberaceae), *Aframomum melegueta* (Zingiberaceae), *Curcuma domestica* (Lamiaceae), *Cymbopogan citratus* (Poaceae), *Dryopteris filix-mass* (Polypodiaceae), *Chenopodium* sp. (Chenopodiaceae) e *Ocimum basilicum* (Lamiaceae).

Partes da planta como folhas, sementes, raízes ou casca foram colhidas, cortadas em partes mais pequenas e secas numa estufa a 40°C. As plantas secas foram então esmagadas usando um almofariz e um pilão e 10g de material vegetal seco foram então embebidos durante a noite em 100ml de água, e depois filtrados para obter o extrato bruto (10% ou 100.000ppm). O extrato bruto (filtrado) foi então utilizado para preparar as seguintes concentrações: 7% (70.000ppm) adicionando 70ml de filtrado a 30ml de água, 4% (40.000ppm) foi preparado adicionando 40ml de filtrado a 60ml de água e 1% (10.000ppm) foi preparado adicionando 10ml de filtrado a 90ml de água. A água serviu como controlo.

2.5.1 Análise de extractos de plantas

A atividade acaricida de cada extrato foi avaliada através de bioensaios que utilizaram cinco carraças. Para cada concentração, as carraças foram embebidas em cada extrato, retiradas e colocadas numa placa de Petri acolchoada com papel de filtro embebido e mantida em condições ambientais no laboratório; a mortalidade foi registada diariamente durante 4 dias. Houve 4 repetições para cada concentração de extrato.

2.5.2 Aplicação no terreno de extractos de plantas

O efeito de quatro extractos potentes foi avaliado no terreno. Foi preparada e aplicada nos animais uma concentração do extrato da planta-alvo que produziu 100% de mortalidade em 24 horas. O efeito do extrato sobre as carraças foi monitorizado no espaço de 24 horas para avaliar a sua eficácia em condições de campo. Cada experiência foi repetida quatro vezes para cada extrato.

2.6 ANÁLISE ESTATÍSTICA

Todos os dados parasitológicos e de desempenho (EPG, cultura fecal, contagens de larvas, contagens de carraças, mortalidade por carraças) foram primeiro introduzidos no programa Microsoft Excel. A prevalência de infeção das diferentes espécies foi analisada pelo teste do qui-quadrado ou pelo teste exato de Fisher, conforme apropriado. As taxas de mortalidade das carraças foram analisadas pelo teste do qui-quadrado ou pelo teste exato de Fisher, conforme apropriado. A intensidade da infeção por vermes foi analisada após transformação logarítmica das contagens de ovos (log x) para amostras positivas, através da análise de variância (ANOVA). A intensidade da infeção por carraças foi analisada através do teste de Kruskal Wallis. Os resultados foram considerados significativos no limite de confiança de 95% ou no nível de 5% de probabilidade ($p<0,05$).

CAPÍTULO TRÊS

RESULTADOS

3.1 PREVALÊNCIA DE PARASITAS INTERNOS

Para além de *Haemonchus contortus e Trichostrongylus* spp, que foram identificados como os helmintos mais prevalentes, foram identificados outros parasitas: *Strongyloides papillosus, Oesophagostomum columbianum, Trichuris ovis* e *Moniezia expansa.*

3.1.1. **Prevalência da infeção por Strongyle**

A prevalência de estrôngilos (*H. contortus*, *Trichostrongylus* spp e *O. columbianum*) foi mais elevada nos caprinos do que nos ovinos. Embora a maior prevalência de infeção por estrôngilos em caprinos tenha sido registada em abril (98%), seguida de junho (96%) e a menor prevalência em março e maio (95%), a diferença não foi significativa (Fig.2 e Quadro 1).

Nos ovinos, a prevalência mais elevada de infeção por estrôngilo foi observada em maio (73%), seguida de março (71%) e depois de abril e junho (57%) (Fig.1). A diferença não foi significativa.

3.1.2 **Intensidade da infeção**

O número mais elevado de ovos por grama (EPG) de fezes em ovinos e caprinos foi de 5250 e 8500, respetivamente. Nos ovinos, o pico da média geométrica do EPG das fezes foi observado em abril, enquanto que nos caprinos foi observado no início da estação das chuvas, em março (Fig. 3). O aumento observado na produção de ovos de estrôngilo não foi estatisticamente significativo em ambos os casos.

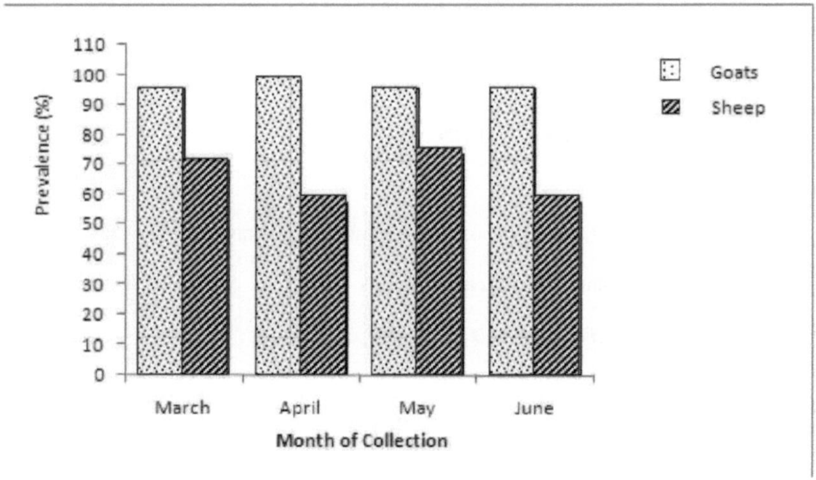

Fig. 2: Prevalência (%) da infeção por estrôngilos em caprinos e ovinos.

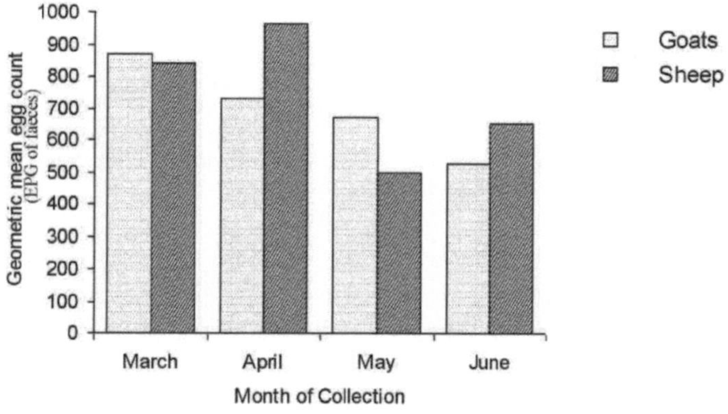

Fig. 3: Contagem média geométrica mensal de ovos de estrôngilos nas fezes de caprinos e ovinos

Tabela 1. Prevalência mensal (%) da infeção por estrôngilos em caprinos

Description		Prevalence (%)			
		March	April	May	June
Sex	Male	100 (2/2)	75 (3/4)	100 (5/5)	100 (4/4)
	Female	95 (38/40)	100 (44/44)	95 (51/54)	96 (93/97)
Age (months)	12-18	100 (4/4)	100 (8/8)	90 (9/10)	100 (17/17)
	19-24	100 (11/11)	87 (7/8)	100 (8/8)	100 (11/11)
	25-30	83 (5/6)	100 (8/8)	93 (13/14)	94 (17/18)
	31-36	100 (13/13)	100 (16/16)	100 (15/15)	96 (27/28)
	>37	83 (5/6)	100 (7/7)	90 (9/10)	91 (21/23)
	Overall	95 (40/42)	98 (47/48)	95 (56/59)	96 (97/101)
Level of significance	X^2=0.704, P=0.872				

A média geométrica mais elevada da contagem de ovos de estrôngilo por grama de fezes foi observada em cabras no grupo etário dos 31-36 meses (Quadro 2). Não foi observada diferença significativa na intensidade da infeção nos diferentes grupos etários (P> 0,05) durante cada mês. A diferença na intensidade da infeção foi estatisticamente significativa (P<0,05) com os caprinos dos grupos etários 31-36 e 12-18 meses entre março e junho, e março e abril, respetivamente. Não foi possível determinar o nível de significância em relação ao sexo, devido ao número relativamente menor de machos em comparação com as fêmeas. Além disso, o número relativamente menor de ovelhas deu resultados que só podem ser considerados indicativos.

Tabela 2. Média geométrica das contagens de ovos de estrôngilos e sua variação nas fezes de cabras de diferentes grupos etários

Description		Geometric Mean Egg Count (range) of faeces			
		March	April	May	June
Sex	Male	938 (550 – 1600)	327 (200 – 700)	395 (100 – 1500)	484 (150 – 1350)
	Female	866 (100 – 8500)	769 (100 – 8300)	704 (50 – 5100)	525 (50 – 5950)
Age (Months)	12-18	490 (100 – 1500)	929 (100 – 2000)	620 (200 – 1900)	595 (250 – 2000)
	19-24	881 (500 – 2500)	771 (100 – 2000)	707 (200 – 1900)	757 (250 – 2000)
	25-30	850 (100 – 4550)	433 (350 – 4500)	583 (100 – 4672)	506 (100 – 3800)
	31-36	1149 (150 – 8500)	907 (400 – 8500)	866 (200 – 2300)	501 (100 – 3850)
	>37	693 (250 – 1000)	568 (150 – 2200)	582 (50 – 5050)	433 (50 – 5900)
Overall		870 (100-8500)	729 (100-8500)	669 (50-5100)	524 (50-5950)
Level of significance		F= 0.693 P= 0.602	F= 0.907 P= 0.469	F= 0.428 P= 0.788	F= 0.520 P= 0.721

3.1.1.3 **Prevalência de várias espécies de parasitas em ovinos e caprinos**

O parasita gastrointestinal mais prevalente que foi identificado tanto em ovinos como em caprinos foi um nemátodo sugador de sangue, *H. contortus*. A prevalência média de *H. contortus* na cultura fecal de ovinos foi de 49,75%, enquanto a de caprinos foi de 41,25% (Quadro 3). Não houve diferença significativa na prevalência (P>0,05) entre ovinos e caprinos. O segundo parasita gastrointestinal mais prevalente, tanto em ovinos como em caprinos, foi o *Trichostrongylus* spp. A prevalência média de *Trichostrongylus* spp. em culturas fecais foi de 25,25% em ovinos e 31% em caprinos. A diferença entre eles não foi, no entanto, significativa.

A prevalência de *Oesophagostomum columbianum* em ovinos e caprinos foi de 11,5 e 13,25%, respetivamente, e esta foi a espécie menos prevalente entre todos os parasitas identificados. As culturas fecais indicaram que *o Strongyloides papillosus* era prevalente nos ovinos e caprinos, com uma taxa de 13,5% e 14,75%, respetivamente. A diferença na prevalência de cada espécie foi significativa (P<0,05) nos caprinos e não nos ovinos entre os diferentes meses (março-junho).

Em geral, houve uma diferença significativa na prevalência entre as diferentes espécies de helmintos nos ovinos durante o período de estudo, exceto em março e maio. Nos caprinos, houve uma diferença significativa na prevalência entre *H. contortus* e outras espécies de parasitas durante os meses de março e maio. Verificou-se uma diferença significativa na prevalência de *Trichostrongylus* spp., *Oesophagostomum columbianum* e *Strongyloides papillosus* em ovinos durante o período de estudo. Nos caprinos, houve uma diferença significativa na prevalência de *Oesophagostomum columbianum* e *Strongyloides papillosus* de março a junho (P<0,05).

Tabela 3. Prevalência de larvas infectantes de vários parasitas em culturas de larvas fecais de caprinos e ovinos

Parasite	Prevalence of infective larvae in faeces (%)									
	Goats					Sheep				
	March	April	May	June	Mean	March	April	May	June	Mean
Haemonchus contortus	47	49	29	40	41.25	57	39	50	53	49.75
Trichostrongylus spp.	43	26	26	28	31	15	21	24	41	25.25
Oesophagostomum columbianum	08	06	19	20	13.25	12	17	15	02	11.5
Strongyloides papillosus	02	19	26	12	14.75	16	23	11	04	13.5
Level of significance	X^2=18.77 P<0.01	X^2=7.38 P>0.05	X^2=15.47 P<0.01	X^2=4.25 P>0.05	X^2=0.0082 P>0.05	X^2=5.7 P>0.05	X^2=12.36 P<0.01	X^2=1.59 P>0.05	X^2=24.56 P<0.01	X^2=0 P>0.05

Trichuris ovis foi observado em 10,7% e 4,4% dos ovinos e caprinos, respetivamente, enquanto *Moniezia expansa* foi observada em 7,1% e 5,6% dos ovinos e caprinos, respetivamente. A diferença na prevalência entre as duas espécies hospedeiras não foi significativa (P>0,05).

3.2 ECTOPARASITAS

Foram identificados dois tipos de ectoparasitas, nomeadamente carraças e ácaros, em ovinos e caprinos na área de estudo. Todas as carraças identificadas em ovinos e caprinos durante o estudo eram *Haemaphysalis leechi.* A prevalência da infestação por carraças em ovinos e caprinos foi de 85,75% e 88,25%, respetivamente, mas não houve diferença significativa entre estes valores (P>0,05). A prevalência da infestação por carraças nos caprinos foi mais baixa em março e aumentou gradualmente até junho (Fig.3). Nos ovinos, a prevalência da infestação por carraças manteve-se inalterada em 71% em março e abril, mas aumentou para 100% em maio e junho. A diferença na prevalência entre os diferentes meses não foi significativa (Fig. 5).

A intensidade da infestação de carraças nos ovinos foi mais elevada em maio (Fig. 5), embora a diferença não tenha sido significativa, enquanto que nos caprinos a intensidade mais elevada de carraças foi registada em março (Fig. 4). A diferença na intensidade da infestação entre os diferentes meses foi significativa (P<0,05) nos caprinos, mas não nos ovinos.

Para além das carraças, foram também identificados ácaros nos caprinos, com uma prevalência de 8,75% em comparação com 0% registados nos ovinos. A espécie de ácaro identificada foi *Psoroptes ovis*.

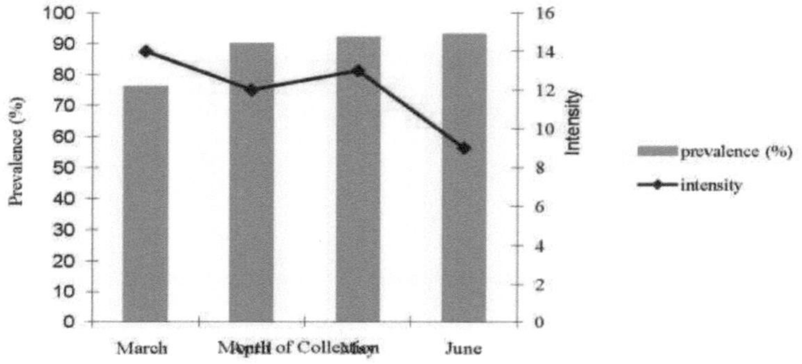

Fig. 4 : Prevalência e intensidade da infestação de carraças nos caprinos

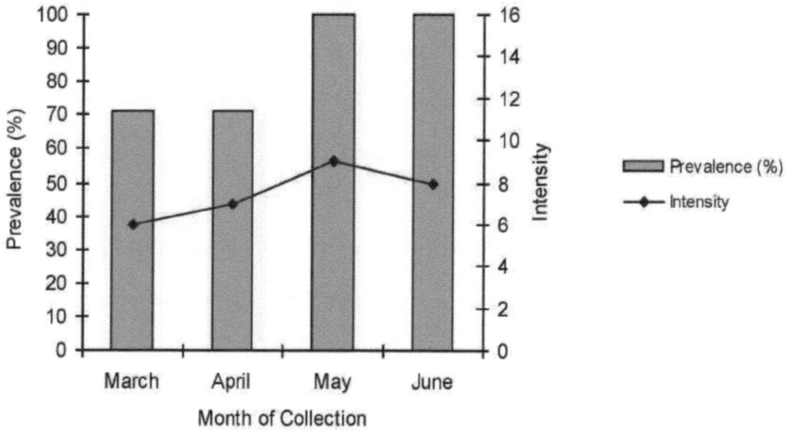

Fig. 5: Prevalência e intensidade da infestação de carraças nos ovinos

3.3 AVALIAÇÃO DA ACTIVIDADE ACARICIDA DE EXTRACTOS DE PLANTAS

Um teste de seleção preliminar utilizando uma solução de 100000ppm mostrou que 33,3% (4/12) das plantas testadas tinham propriedades acaricidas (Quadro 4): Foi registada uma mortalidade de cem por cento das carraças após 24 horas de exposição para *Syzygium aromaticum, Afromomum citratum, Piper guineense* e *Chenopodium* spp. *Nicotiana tabacum* produziu uma mortalidade de 50% após 24 horas. *Curcuma domestica, Dryopteris felix-mas, Ocimum basilicum, A. melegueta, Lagenavia siceraria*, *Ipomae purpurae* e *Cymbopogon citratus* mataram menos de 50% das carraças após o teste de despistagem, tendo sido considerados suficientemente potentes (Quadro 4). Consequentemente, estes extractos não foram utilizados em experiências subsequentes. A mortalidade das carraças começou após 72 horas no controlo.

3.4 DETERMINAÇÃO DO LC_{50} E LC_{90} DOS EXTRACTOS POTENTES

Cada extrato de planta foi diluído para obter 4 concentrações diferentes de 4 réplicas cada. Os extractos aquosos de doze plantas foram testados contra carraças *Haemaphysalis leechi*: Os resultados da mortalidade registada em cada réplica para cada concentração de extrato são apresentados no Quadro 4. Um gráfico da percentagem de mortalidade contra a concentração para as quatro plantas mais potentes (*S. aromaticum, A. Citratum, P. guineense e Chenopodium* sp. (Fig. 6)) mostrou que a mortalidade aumentou com a concentração. A 10000ppm, o extrato aquoso de *S. aromaticum* causou 100% de mortalidade das carraças após 24 horas de exposição, enquanto concentrações semelhantes de *A. citratum, P. guineense e Chenopodium* sp. causaram, cada uma, menos de 50% de mortalidade. A 70000ppm, o extrato aquoso de *A. citratum* causou 100% de mortalidade das carraças após 24 horas de exposição, enquanto concentrações semelhantes de *P. guineense* e *Chenopodium* sp. causaram, cada uma, menos de 100% de mortalidade. Além disso, a 10000ppm, o extrato aquoso *de A. citratum* causou 100% de mortalidade das carraças após 48 horas de exposição, enquanto concentrações semelhantes de *P. guineense e Chenopodium* sp. causaram, cada uma, menos de 55% de mortalidade.

Tabela 4. Percentagem de mortalidade das carraças *Haemaphysalis leechi* após vários tempos de exposição a diferentes extractos aquosos das plantas testadas

Plant species	Exposure time (hours)	Mortality (%)				
		100000(ppm)	70000 (ppm)	40000 (ppm)	10000 (ppm)	Control
Syzygium aromaticum	24	100	100	100	100	0
Afromomum citratum	24	100	100	80	40	0
	48	100	100	100	100	0
Piper guineense	24	100	60	40	20	0
	48	100	100	80	60	0
	72	100	100	100	80	0
Chenopodium sp.	24	100	80	20	0	0
	48	100	80	60	40	0
	72	100	80	60	40	0
Nicotiana tabacum	24	50	30	20	10	0
	48	70	70	60	50	0
	72	90	80	70	60	0
Curcuma domestica	24	20	0	0	0	0
	48	80	40	40	20	0
	72	80	80	60	40	0
Dryopteris felix-mas	24	20	20	0	0	0
	48	40	40	20	0	0
	72	80	60	40	20	0
Ocimum basilicum	24	30	20	20	0	0
	48	60	30	20	0	0
	72	60	40	20	0	0
Afromomum melegueta	24	40	0	0	0	0
	48	40	20	20	0	0
	72	40	20	20	0	0
Lagenaria siceraria	24	0	0	0	0	0
	48	40	20	0	0	0
	72	80	60	20	0	0
Ipomae purpurae	24	20	0	0	0	0
	48	20	20	0	0	0
	72	20	20	20	0	0
Cymbopogon citratus	24	0	0	0	0	0
	48	40	30	20	20	0
	72	60	50	20	20	0

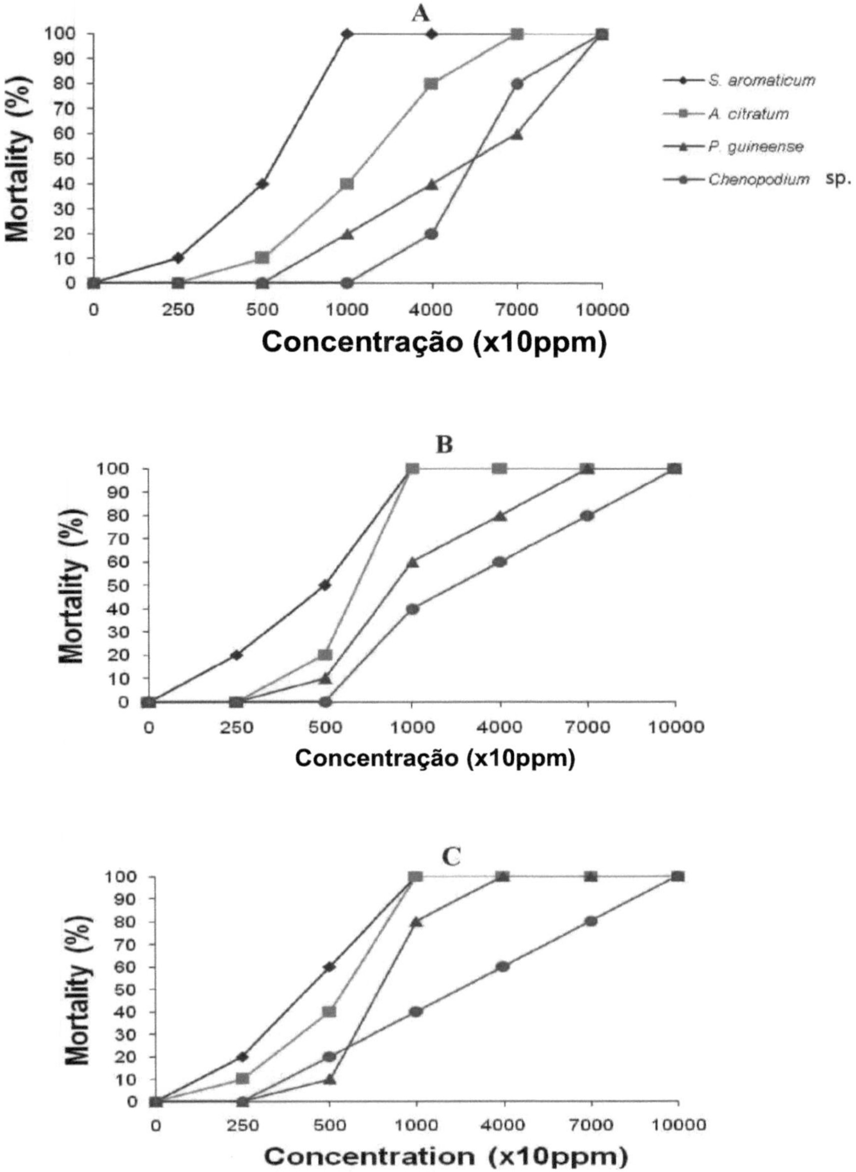

Figuras 6 A-C. Mortalidade de carraças *Haemaphysalis leechi* tratadas com diferentes extractos aquosos após 24 (A), 48 (B) e 72 (C) horas de exposição, respetivamente.

A CL_{50} e a CL_{90} extrapoladas das curvas às 24 horas, 48 horas e 72 horas são apresentadas na Tabela 5. *S. aromaticum* foi o mais tóxico, com CL_{50} e CL_{90} de 24 horas de 6250ppm e 8750ppm respetivamente. *Ipomae purpurae* foi a menos tóxica. Houve uma diferença significativa nas taxas médias de mortalidade das diferentes plantas ($P<0,05$).

3.5 APLICAÇÃO NO TERRENO DO EXTRACTO

Os efeitos acaricidas dos extractos de plantas mais eficazes foram avaliados no campo em concentrações que mataram 100% das carraças após 24 horas de exposição (Quadro 6). Os resultados mostraram que apenas *S. aromaticum* conseguiu matar mais de 50% das carraças. A taxa média de mortalidade causada por este extrato no campo foi de 51,9%, seguido por *P. guineense* com 31,8%, enquanto *A. citratum* foi um repelente.

Tabela 5. Concentrações letais (LC50, LC90 e LC100) de vários extractos de água de algumas plantas potentes em *Haemaphysalis leechi*

Plant species	Exposure time (Hours)	LC50 (ppm)	LC90 (ppm)	LC100 (ppm)
Syzygium aromaticum	24	6250	8750	10000
	48	5000	8700	10000
	72	4370	8120	10000
Afromomum citratum	24	9250	55000	70000
	48	6870	8900	10000
	72	5620	8750	10000
Piper guineense	24	55000	92500	100000
	48	8750	55000	70000
	72	7500	25000	40000
Chenopodium sp.	24	52500	87500	100000
	48	25000	83750	100000
	72	27500	85000	100000

Tabela 6. Mortalidade no campo de *Haemaphysalis leechi* após exposição a extractos de água de diferentes plantas

Experimental plant	Effect on ticks	Concentration of extracts (ppm)	Mean number of tick on site of application	Mean number of ticks that dropped off after 5 hours	Mean mortality (%)		
					24h	48h	72h
Syzygium aromaticum	Repellent/ acaricidal	10000	52	27	51.9	51.9	51.9
Piper guineense	Repellent/ acaricidal	100000	22	7	27.3	31.8	31.8
Afromomum citratum	Repellent	7000	33	2	0	0	0

CAPÍTULO QUATRO

DISCUSSÃO, CONCLUSÃO E RECOMENDAÇÕES

4.1 DISCUSSÃO

O vasto leque de problemas de saúde animal nos Camarões está atualmente a deprimir a produção de pequenos ruminantes e a atrasar a introdução de reprodutores mais produtivos e de novas tecnologias. As doenças mais importantes que limitam a produtividade dos pequenos ruminantes nos Camarões são as doenças parasitárias e virais, principalmente as transmitidas por vectores, que têm uma ampla distribuição geográfica e cuja gravidade é fortemente influenciada pelo ambiente. Não existem vacinas ou agentes quimioterapêuticos eficazes e de fácil administração para estas doenças. O controlo das carraças ou dos insectos vectores com pesticidas é dispendioso, difícil de realizar e insustentável devido ao desenvolvimento de resistências.

Este estudo foi realizado para alargar o conhecimento sobre algumas infecções parasitárias gastrointestinais e externas de ovinos e caprinos na Subdivisão de Buea, e para obter informações sobre os potentes acaricidas vegetais, que podem ser utilizados pelos agricultores de subsistência para o controlo de carraças nos seus animais. Os resultados do estudo forneceram algumas provas preliminares, que sugerem que uma percentagem razoavelmente elevada dos pequenos ruminantes na Subdivisão de Buea estava infetada com parasitas helmínticos e carraças. Roberts e Swan (1981) mostraram que existe uma relação altamente significativa entre a contagem de ovos nas fezes e o número total de vermes adultos. Por conseguinte, o grau moderado de infestação, tal como demonstrado pela média geométrica da contagem de ovos de estrôngilos por grama de fezes, era muito provavelmente uma indicação de uma infestação que afecta a produção destes animais.

A média geométrica mais elevada do EPG das fezes foi observada em cabras no grupo etário dos

31-36 meses. Os animais deste grupo etário tiveram também a taxa de prevalência mais elevada de infeção por estrôngilo. Observou-se um pico de EPG médio geométrico de estrôngilo nas fezes no início da estação das chuvas, em março, nos caprinos. Isto é consistente com a observação feita por Ndamukong *et al.* (1986). O aumento na contagem de ovos observado no início da estação chuvosa foi provavelmente devido aos vermes adultos residuais, aumentados mais tarde por vermes desenvolvidos após a infeção por larvas derivadas de ovos que se desenvolveram rapidamente para produzir a primeira onda de contaminação larvar das pastagens. A média geométrica do EPG das fezes diminuiu gradualmente de março a junho, independentemente da chuva, provavelmente porque o sistema de maneio por amarras permitiu que os animais fossem deslocados de um local para outro em intervalos frequentes (diariamente). Por conseguinte, não estavam expostos à infeção que poderia ter sido contraída nas pastagens contaminadas. Em segundo lugar, o rápido crescimento das pastagens com a chegada das chuvas fez com que as cabras, em particular, recorressem ao pastoreio. Shillhorn van Veen (1982) sugeriu que, no caso das cabras, o seu comportamento de pastoreio reduz as possibilidades de contrair infecções parasitárias transmitidas pelas pastagens. Pelo contrário, nos ovinos, observou-se um pico da média geométrica do EPG das fezes em abril, que diminuiu em maio e aumentou ligeiramente em junho. Isto pode ser explicado pelo facto de que, embora as ovelhas possam resistir eficazmente a um desafio larvar moderado, elas sucumbem em condições de infecções pesadas e/ou stress multifatorial como o que ocorre na gestão das aldeias (Ndamukong, 1987). Além disso, são predominantemente animais de pastoreio e, por conseguinte, estavam mais expostos à infeção das pastagens contaminadas do que as cabras.

As taxas de prevalência de *H. contortus e Trichostrongylus* spp. em ovinos (49,75% e 25,25%, respetivamente, em culturas fecais) e caprinos (41,25% e 31%, respetivamente) em culturas fecais foram inferiores aos resultados obtidos por Fabiyi (1970), Assoku (1981), Fakae (1990), Nwosu *et al.* (1996) e Chandrawathani *et al.* (1999). Nos caprinos, a prevalência de *Oesophagostomum* e *Strongyloides* foi menor em comparação com os resultados obtidos por Fakae (1990) e Fabiyi (1970) na zona de Zaria, no Norte da Nigéria. As prevalências mais baixas destes parasitas nos ovinos e caprinos, em comparação com as áreas acima mencionadas, podem ser o resultado de diferenças nos sistemas de maneio dos animais. A produção de ovinos e caprinos nos locais de estudo está maioritariamente nas mãos dos agricultores das aldeias, que os criam em pequenos rebanhos de um a dez animais. Este facto pode diminuir o grau de contaminação das pastagens, levando a taxas de prevalência mais baixas.

A prevalência da infestação por carraças em caprinos e ovinos aumentou entre março e junho. Isto foi uma indicação de que as carraças encontradas nos ovinos e caprinos apresentam uma variação sazonal em termos de disponibilidade e abundância, que está relacionada com a época das chuvas anuais (Ndamukong, 1993). A incidência de carraças adultas diminui durante a estação seca (novembro a março), altura em que as larvas e as ninfas são mais abundantes, e durante a estação das chuvas, são sobretudo encontradas adultas.

O estudo sobre a atividade acaricida de extractos de plantas demonstrou a potência dos extractos de quatro plantas sobre o *Haemaphysalis leechi.* O gráfico da mortalidade em função da concentração para uma determinada duração de exposição indicou um declive mais acentuado à medida que o tempo de exposição aumentava, o que implica que um ligeiro aumento da concentração para uma duração de exposição mais longa resultaria numa maior mortalidade das carraças.

Um extrato aquoso potente será mais barato e mais fácil de aplicar pelos agricultores locais do que os acaricidas sintéticos, especialmente porque a maioria dos pequenos ruminantes (ovelhas e cabras) são propriedade de agricultores com poucos recursos nas comunidades rurais, que não podem comprar facilmente os acaricidas convencionais. As plantas com propriedades acaricidas encontradas neste estudo teriam várias vantagens como acaricidas vegetais: podem ser facilmente compradas nos mercados locais, os seus frutos e folhas tóxicos utilizados neste estudo, exceto os rizomas de *Curcuma domestica*, podem ser facilmente colhidos sem matar as plantas. Além disso, estes materiais vegetais podem ser facilmente pulverizados, extraídos e aplicados aos animais.

S. aromaticum foi a planta mais tóxica testada em condições de campo, uma vez que foi o único extrato que conseguiu matar mais de 50% das carraças. O facto de *S. aromaticum* ter produzido esta elevada mortalidade em 24 horas sugere que é um acaricida de ação rápida quando comparado com *P. guineense* (Quadro 7). *A S. aromaticum* é simultaneamente um repelente e um acaricida, pois conseguiu fazer com que 27 de 52 carraças caíssem do local de aplicação e as carraças foram mortas no prazo de 24 horas após a exposição. Os seus efeitos foram semelhantes aos do *P. guineense,* um acaricida de ação lenta. *A. citratum* parece ser um repelente fraco uma vez que fez com que 2 de 33 carraças caíssem do hospedeiro no prazo de 5 horas após a aplicação, mas não conseguiu matar nenhuma carraça no prazo de 72 horas após a exposição. A atividade repelente de certas plantas é importante porque, quando as carraças são repelidas, caem do seu hospedeiro e podem ser comidas por inimigos naturais. Além disso, mesmo que não sejam controladas biologicamente, podem permanecer no local se o animal se alimentar noutro sítio, permitindo assim que o efeito das altas temperaturas as mate.

4.2 CONCLUSÃO

A partir deste inquérito, foram retiradas as seguintes conclusões:

1. Os ovinos e caprinos estão seriamente ameaçados pelas principais doenças parasitárias dos ruminantes, como a hemoncose.
2. As carraças são os principais ectoparasitas dos ovinos e caprinos na zona rural da Subdivisão de Buea.
3. O estudo revelou a atividade acaricida/repelente de três espécies de plantas não testadas anteriormente nos Camarões. Entre elas, *S. aromaticum* e *P. guineense* apresentaram a atividade mais elevada e devem ser consideradas prioritárias para investigações futuras.
4. A aplicação no terreno do extrato mais eficaz revelou-se promissora, com *S. aromaticum* a ter a maior atividade sobre as carraças.

4.3 RECOMENDAÇÕES

1. Tendo em conta a elevada prevalência de parasitas e o facto de alguns deles, como *H. contortus, Trichostrongylus* spp. e *Moniezia expansa*, serem zoonóticos, constituem, por conseguinte, uma séria ameaça para a saúde pública. Como tal, os animais no campo deveriam ser monitorizados regularmente para detetar infecções parasitárias.
2. Deveria haver uma melhoria dos sistemas básicos de gestão animal (alojamento, abeberamento, controlo das épocas de parição e de nascimento, identificação dos grupos de animais de maior risco, gestão do estrume), bem como a gestão do pastoreio (queimar as pastagens durante a estação seca, evitar zonas de pastoreio lamacentas e poluídas).
3. Devem ser feitos esforços para educar as comunidades de pequenos agricultores sobre as formas corretas de melhorar os sistemas de gestão animal, a importância dos parasitas e os principais sinais de infecções por vermes nos seus animais.
4. Os extractos orgânicos brutos das plantas potentes devem ser estudados para elucidar os princípios activos destas plantas.

REFERÊNCIAS

Angus, B. M. (1996). The history of the cattle tick Boophilus microplus in Australia and achievements in its control. *Sociedade Australiana de Parasitologia,* **26**: 1341-1355.

Assoku, R.K.G. (1981). Estudos de helmintos parasitas de ovinos e caprinos no Gana. *Boletim de Saúde e Produção Animal em África,* **29**: 1-10.

Bagley, C.V. (1997). Parasitas internos. Animal Health fact sheet. Extensão da Universidade Estadual de Utah. Publicação eletrónica: 2.

Baky, S.M. (2001). Prevalência de parasitas externos no deserto do sudeste do Egito. *Jornal da Sociedade Egípcia de Parasitologia,* **31**(1): 223-232.

Barger, I.A. (1982). *Biology and control of endoparasites.* Imprensa académica, Sydney, pp. 133-155.

Beriajaya e Aron, B. (1996). Controlo de parasitas na produção de pequenos ruminantes. Actas de um seminário realizado em Parapat, Sumatra do Norte, Indonésia, pp 83-93.

Bayram, A.Y. (2005). Atividade sazonal de nemátodos gastrointestinais em caprinos na região de Burdur, Turquia. *Turkey Journal of Veterinary Animal Science,* **29**: 441-448.

Carpenter, J.R. (1998). Complexidade do ambiente de um animal e dos seus factores de stress. Departamento de Ciência Animal, Universidade do Havai em Manoa, 6pp.

Chandrawathani, P., Andnan, M. e Waller, P.J. (1999). Anthelminthic resistance in sheep and goat farms on peninsular Malaysia (Resistência anti-helmíntica em explorações de ovinos e caprinos na Malásia peninsular). *Veterinary Parasitology,* **82**: 305310.

Clarke, E.A. (1963). The economic importance of intestinal parasites (A importância económica dos parasitas intestinais). *New Zealand Veterinary Journal,* **11**(4): 76-81.

Clouldsley-Thompson, J.L. (1969). *The Zoology of Tropical Africa.* Weidenfeld and Nicolson, Londres.

Cumming, G.S. (1998). Preferência por hospedeiros em carraças africanas (Acarina: Ixodidae): um conjunto de dados quantitativos. *Boletim de. Entomological.Reearch.,* **88**: 379-406.

Devendra, C. (1982). *Produção de caprinos e ovinos nos trópicos.* 1st edição, Intermediate Tropical Agricultural Series, pp6-7.

Dipeolu, O.O. e Ndunga, J.N. (1991). Atividade acaricida de Kupetaba, uma mistura moída de produtos naturais, contra *Rhipicephalus appendiculatus*. *Veterinary Parasitology,* **38**(4): 327-328.

Drummond, R.O. (1983). Doenças do gado transmitidas por carraças e seus vectores. *Revisão anual (FAO),* **36**: 28-33.

Duval, J. (1994). O controlo dos parasitas internos dos ruminantes. http://eap.mcgill.ca/AgroBio/abe_head.htm

Duval, J. (1996). O controlo dos parasitas internos dos ruminantes. *Projectos de Agricultura Ecológica*: 22.

Fabiyi, J.P. (1970). An investigation into the incidence of goat helminth parasites in the Zaria area of Nigeria. *Boletim de Doenças Epizoóticas de África,* **18**: 29-34.

Fabiyi, J.P. (1987). Perdas de produção e controlo de helmintas em ruminantes de regiões tropicais: *International Journal of Parasitology,* **17**(2): 435-442.

Fakae, B.B. (1990). A epidemiologia da helmintiose em pequenos ruminantes no sistema de criação tradicional no leste da Nigéria. *Veterinary Research Communications,* **14**(5): 383-391.

Fikru, R., Teshale, S., Reta, D. e Yosef, K. (2006). Epidemiologia dos parasitas gastrointestinais de ruminantes em Oromia Ocidental, Etiópia. *Revista Internacional de Investigação em Medicina Veterinária,* **4**(1): 51-57.

Fritsche, O., Kaufmann, J. e Pfister, K. (1993). Parasite spectrum and seasonal epidemiology of gastrointestinal nematodes of small ruminants in Gambia (Espectro de parasitas e epidemiologia sazonal de nemátodos gastrointestinais de pequenos ruminantes na Gâmbia). *Veterinary Parasitology,* **49**: 271-283.

Furman, D.P. e Loomis, E.C. (1984). As carraças da Califórnia (Acari: Ixodida), University of California Press, **25**: pp. 1-139.

Garcia-Garcia, J.C., Redondo, M., Vargas, M., Canales, M., Boue, O., Rodriquez, M., Joglar, M., Machado, H. e Gonzalez, I.L., *et al.* (2000). Controlo de carraças resistentes à imunização com Bm86 em bovinos vacinados com o antigénio recombinante Bm95 isolado da carraça do gado, *Boophilus microplus. Vaccine.* **18**(21): 2227-2287.

George, J.E. (2000). Tecnologias actuais e futuras para o controlo de carraças. *Annals of New York Academy of Science,* **916**: 583-588.

Gorski, P., Romain, N., Ewa, S., Dominik, P., Gajewska, A. e Wedrychowicz, H (2004). Prevalence of protozoan and helminth internal parasite infections in goats and sheep flocks in Poland, *Arch. Tierz, Dummerstorf,* **47**:43-49.

Graber, M. (1965). Helminths and helminthiasis faisant obstacle a l'amelioration de la production ovine en République du Tchad. *Relatório do Laboratoire de Farcha l'E. M.V.Tfort Lamy, Chade (mimeo)* Pp 9.

Graf, J.F., Gogolewski, R., Leach-Bing, N., Sbatini, M.B., Molento, M.B., Bordin, E.L. e Arantes, G.F. (2004). Controlo das carraças: um ponto de vista da indústria. *Parasitologia,* **129**: 427-442.

Graham, O. H. e Hourrigan, J. L. (1977). Programas de erradicação para os artrópodes parasitas do gado. *Journal of Medical Entomology,* **13**: 629-658.

Gasbarre, L.C. (1997). Effects of gastrointestinal nematode infection on the ruminant immune system (Efeitos da infeção por nemátodos gastrointestinais no sistema imunitário dos ruminantes). *Veterinary Parasitology,* **72**(3-4): 327-342.

Haroun, E.M. e Hillyer, G.V. (1986). Resistência da fasciolíase. A review. *Veterinary Parasitology,* **20**: 63-93.

Harrison, L.J.S., Hammond, J.A. e Sewell, M.M.H. (1996). Estudos sobre helmintose no Centro de Medicina Veterinária Tropical (CTVM). *Tropical Animal Health and Production,* **28**: 23-29.

Hendrix, C.M. (1998). *Diagnostic Veterinary Medicine,* 2nd edition, Mosby Publication. Ltd., pp200-201.

ILCA (1980). ILCA (Centro Internacional de Pecuária para África), os primeiros anos. Addis Ababa Etiópia, p9.

Iori, A., Grazioli, D., Gentile, E., Marano, G. e Salvatore, G. (2005). Propriedades acaricidas do óleo essencial de *Melaleuca alternifolia* Cheel (óleo da árvore do chá) contra ninfas de *Ixodes ricimus*. *Veterinary Parasitology,* **129**(1-2): 173-176.

Jackson, F. e Coop, R. L. (2000). The development of anthelminthic resistance in sheep nematodes. *Parasitology,* **120**: S95-S107.

Johnstone, C. (1995). Parasitas internos do gado. Universidade da Pensilvânia. Escola de Medicina Veterinária. Publicação eletrónica, 2pp.

Kambewa, B.M.D e Phoya, R. (1997). The Use of Indigenous Veterinary Remedies in Malawi, em BAIF Development Research Foundation, pp.23-40

Kaplan, R.M. (2004). Resistência a medicamentos em nemátodos de importância veterinária: um relatório sobre a situação. *Tendências em Parasitologia,* **20**: 477-481.

Katunguka-Rwakishaya, E., Holmes, P. H. e Murray, M. (1995). A fisiopatologia da tripanossomíase ovina causada por *Trypanosoma congolenses*: Estudos ferrocinéticos e de sobrevivência eritrocitária. Em OAU/ STRC, pp134-140.

Katunguka-Rwakishaya, E., Murray, M. e Holmes, P. H . (1995). Influência da suplementação com bolo de sementes de algodão na parasitemia do peso corporal, no grau de anemia e na resposta ao aceturato de dimiazeno de cabras infectadas com *Trypanosoma congolense. Small Ruminant Research,* **29**(3): 283-288.

Klompen, J.S.H., Black, W.C.I.V., Keirans, J.E. e Oliver, J.H.J. (1996). Evolution of ticks. *Revisão Anual de Entomologia,* **41**(1): 141-161.

Malonza, M.M., Dipeolu, O.O., Amoo, A.O. e Hassan, S.M. (1992). Observação laboratorial e de campo das propriedades anti-carraça da planta *Gynandropsis gynandra* Brig. *Veterinary Parasitology,* **42**(1-2): 123-136.

Matthewson, M.D. e Baker J.A.F. (1975). Resistência ao arsénico em espécies de carraças multi-hospedeiro na República da África do Sul e na Suazilândia. *Jornal da Associação Veterinária da África do Sul,* **46**: 341-344.

Mazlum, Z. (1971). Carraças de animais domésticos no Irão: Distribuição geográfica, relação com o hospedeiro e atividade sazonal. *Jornal da Faculdade de Veterinária, Universidade de Teerão, Irão*, **27**: 1-32.

Muktar, R. e Shank, R. (1994). Rough guide to animal diseases in Ethiopia (Guia geral das doenças animais na Etiópia). Programa das Nações Unidas para o Desenvolvimento, Unidade de Emergências para a Etiópia, Relatório Técnico.

Mbuh, J.Y. (1997). Resposta imunitária e imunoprotecção em cabras infectadas com *Fasciola gigantica*. Tese de doutoramento apresentada à Faculdade de Medicina Veterinária da Universidade de Ibadan, p207.

McNitt. J.I. (1983). *Livestock Husbandry Techniques (Técnicas de Criação de Gado)*. Grã-Bretanha. pp77-79.

Miller, E. e Waller, P.J. (2004). Novas abordagens para o controlo de parasitas - um seminário. *Veterinary Parasitology,* **125**: 59-65.

Ministério da Agricultura, Pescas e Alimentação (1977). *Manual de Técnicas Parasitológicas Veterinárias*. Technical Bulletin No. 18 London. Her Majesty's stationary office, pp95-113.

Ndamukong, K.J.N. (1987). Produção de ovinos e caprinos na Província Noroeste dos Camarões, com especial referência à gastroenterite parasitária. Tese de doutoramento, Universidade de Edimburgo, 405pp.

Ndamukong, K.J.N. (1993).A variação sazonal da infestação de carraças em ovinos e caprinos sob dois sistemas de gestão em Mankon, Camarões. *Boletim de Saúde e Produção Animal em África,* 41: 277-283.

Ndamukong, K.J.N. e Mbuh J.V. (2004). Produção de pequenos ruminantes na Subdivisão de Buea, uma zona tropical húmida da Província do Sudoeste dos Camarões. *Boletim de Saúde e Produção Animal em África,* **52**: 255-257.

Ndamukong, K.J.N., Sewell, M.M.H. e Asanji, M.F. (1986). Parasitic gastro-enteritis in sheep and goats at Bamenda N.W. Province of Cameroon. *Revue Science et Techniques,* **2**(4): 111-117.

Ndamukong, K.J.N., Sewell, M.M.H. e Asanji, M.F. (1989). Management and productivity of small ruminants in the North West Province of Cameroon (Gestão e produtividade de pequenos ruminantes na Província Noroeste dos Camarões). *Tropical Animal Health and Production,* **21**: 109-119.

Nolan, J. (1990). Resistência aos acaricidas em carraças mono e multi-hospedeiros e estratégias de controlo. *Parasitology,* **32**: 145-153.

Ngole, U.I., Ndamukong, K.J.N. e Mbuh, J.V. (2001). Parasitas intestinais e quadro sanguíneo de cabras anãs da floresta abatidas na subdivisão de Buea, no sudoeste dos Camarões. *Boletim de Saúde e Produção Animal,* **49**: 134-392.

Njwe, R.M. (1989). Estratégias para adequar os recursos alimentares às necessidades dos pequenos ruminantes: A review. Universidade de Dschang, Camarões.

Nwosu, C.O., Ogunrinade, A.F. e Fagbemi, T.M. (1996). Prevalência e mudanças sazonais nos helmintos gastrointestinais de cabras nigerianas. *Journal of Helminthology,* **70**: 329-333.

Nwosu, C.O., Madu, P.P. e Rechards, W.S. (2007). Prevalência e alterações sazonais na população de nemátodos gastrointestinais de pequenos ruminantes na zona semi-árida do nordeste da Nigéria. *Veterinary Parasitology,* **144**(1-2): 118-124.

Ogunrinade, A.F. (1987). Patogénese da fasciolíase em animais de criação: uma revisão. *International Journal of Animal Science,* **2**: 101-107.

Osaer, S., Goossens, B., Kora, S., Gaye, M. e Daboe, L. (1999). Health and productivity of traditional managed Djallonke sheep and West African Dwarf goats under high and moderate trypanosomiasis risk. *Veterinary Parasitology,* **82**: 101-119.

Pamo, E.T., Zollo, P.H.A., Tendonkeng, F., Kana, J.R., Tapondjou, A.L. e Fongang, M.D. (2004). Composição química e efeito acaricida das folhas de *Chenopodium ambrosiodes* e *Eucalyptus saligna* em carraças (*Rhipecephalus lunulatus*) de cabras anãs da África Ocidental nos Camarões Ocidentais. *Boletim de Saúde e Produção Animal em África,* **52**: 221-228.

Rahbari, S., Nabian, S. e Shayah, P. (2007). Relatório primário sobre a distribuição da fauna de carraças, Irão. *Parasitology Research,* **101**: 175-177.

Rajput, Z.I., Hu, S.H., Chen, W.H., Arijo, A.G. e Xiao, C.W. (2006). Importância das carraças e do seu controlo químico e imunológico no gado. *J. Zhejiang Univ Sci. B.,* **7**(11): 912-921.

Regassa, A. (2000). A utilização de preparações à base de plantas para o controlo de carraças na Etiópia Ocidental. *Jornal da Associação Veterinária da África do Sul,* **71(4)**: 240-243.

Reineck, R.K. (1984). Diagnosis of helminths in ruminants at necropsy (Diagnóstico de helmintos em ruminantes na necropsia). *Journal of the South African Veterinary Association,* **55**(3): 135-143.

Roberts, L.S. e Janovy, J. (1996). *Fundamentos de Parasitologia.* 5th edition. Wm.C. Brown Publisher U.S.A. p413-415, 610.

Roberts, J.L. e Swan, R.A. (1981). Quantitative studies of Ovine Haemonchosis. 1. Relação entre a contagem de ovos nas fezes e a contagem total de vermes. *Veterinary Parasitology,* **8**: 161-171.

Roos, M.H. (1997). O papel dos medicamentos no controlo das infecções por nemátodos parasitas. Devemos passar sem eles? *Parasitologia,* **114:** 137-144.

Saidu, N.A. (1990). Ectoparasitas do gado e seu controlo. Boletim Externo 49. Série Pecuária nº 11. Edição revista. NAERLS. A. S. U. Zaria, Nigéria.

Sangster, N.C. (1999). Anthelminthic resistance: past, present and future (Resistência anti-helmíntica: passado, presente e futuro). *Jornal Internacional de Parasitologia,* **29**: 115-124.

Schillhorn van Veen, T.J.(1973). Intestinal helminthiasis in the rural area of Khuzestan, South West Iran. *Annals of Tropical Medical Parasitology,* **61**: 352-357.

Schillhorn van Veen, T.W. (1982). O papel do parasitismo no maneio dos caprinos. *Actas da terceira Conferência Internacional sobre Produção e Doenças de Caprinos, Usson*, 2: 85-89.

Shanahan, G.J. e Hurt, R.J. (1966). Mudança na resposta de Lucilia cuprina a insecticidas organofosforados na Austrália. *Nature,* **212**(5069): 1466-1467.

Soulsby, E.J. (1968). *Helminths, Arthropods and Protozoa of Domesticated Animals (Helmintos, Artrópodes e Protozoários de Animais Domésticos).* 7th edition, Bailliere Tindall Ltd, London UK, 809pp.

Soulsby, E.J.L. (1978). *Helminths, arthropods and protozoa of domesticated animals,* ELBS e Bailliere Tindall and Cassel Limited London. Pp699-705.

Soulsby, E.J.L. (1982). *Helminths, arthropods and protozoa of domesticated animals,* 7th edition. Bailliere Tindall. London. Pp231-236.

Spickett, A.M. (1998). Acaricides and resistance. *Veterinary Ectoparasitology and Protozoology,* **1**: 1-13.

Spickett, A.M. e Fivaz, B.H. (1992). A survey of cattle tick control practice in the Eastern Cape Province of South Africa (Um estudo das práticas de controlo das carraças dos bovinos na província do Cabo Oriental da África do Sul). *Onderstepoort Journal of Veterinary Research,* **59**: 203-210.

Taylor, D.J., Green, N.P.O. e Stout, G.W.S. (1997). *Biological science.* Universidade de Cambridge Press, p 250.

Tillard, E., Moulin, C.H., Faugère, O. e Faugère, B. (1997). Le suivi individual des petits ruminants au Senegal: un mode d'étude des troupeaux en millieux villageios. *INRA Productions Animales,* **10**(1): 67-78.

Tristscher, J. e Leamaster, B. (1998). Parasitas internos do gado no Hawaii. Departamento de Ciência Animal da Equipa de Extensão Pecuária. Universidade do Hawaii em Manoa, p4.

Ukoli, F.A.M. (1991). *Introduction to Parasitology in Ttropical Africa.* 4th edition, Text Flow Limited, Ibadan, Nigéria, 287 pp.

Veale, P.I. (2002). Resistência a lactonas microcíclicas em nemátodos de caprinos. *Australian Veterinary Journal,* **80**: 303-304.

Wall, R. e Shearer, D. (2001). *Veterinary Ectoparasites: Biology, Pathology and Control (Ectoparasitas veterinários: biologia, patologia e controlo)*. 2nd edição, Blackwell Science, pp1-2.

Waller, P.J. (1997a). Controlo dos parasitas nemátodes do gado nos trópicos/subtrópicos: a necessidade de novas abordagens. *International Journal of Parasitology,* **27**: 11931201.

Waller, P.J. (1997b). Anthelmintic resistance. *Veterinary Parasitology,* **72**(3-4): 391412.

Waller, P.J. (2006). From discovery to development: current industry perspectives for the development of novel methods of helminth control in livestock. *Veterinary Parasitology,* **139**: 1-14.

Wells, A., Gegner, L. e Earles, R. (2000). Produção sustentável de ovinos. Transferência de Tecnologia Apropriada para Áreas Rurais (QTTRA).

Wharton, R.H. (1967). Acaricide resistance and cattle tick control. *Australian Veterinary Journal,* **43**(9): 394-398.

Willian, C.M., Black, W.C., Jerome, E.F., Henry, H., Janet, H., Stephen, H., Anthony, A.J., Boris, K. e Chester, G.M. (2004). *Biologia dos vectores de doenças.* 2nd edition.Library of congress cataloging in publishing data, p 53.

Wilson, R.T. (1986). Produção pecuária no centro do Mali: Estudos a longo prazo sobre os bovinos e pequenos ruminantes no sistema agro-pastoril. Relatório de Investigação No. 14. International Livestock for Africa, Addis Ababa, Ethiopia.

Yakhchali, M. e Hosseine, A. (2006). Prevalência e fauna de ectoparasitas de rebanhos de ovinos e caprinos no subúrbio de Urmia, Irão. *Veterinary Arhives,* **76**: 431-442.

Zajac, A.M. (2000). Resistência anti-helmíntica múltipla num rebanho caprino. *Veterinary Parasitology,* **87**: 163-172.

APÊNDICES

APÊNDICE 1: Preparação da solução saturada de sal/açúcar

Foram pesados 400 g de cloreto de sódio e 500 g de açúcar com uma balança eletrónica. A solução saturada foi preparada adicionando 400 g de cloreto de sódio a 500 g de açúcar em 1000 ml de água fervida e agitando continuamente durante cerca de 10-15 minutos, sendo depois decantada para um recipiente para utilização.

APÊNDICE 11: Contagem de ovos de Strongyle utilizando a técnica de contagem Mcmaster modificada

- A câmara de contagem tem uma profundidade de 1,5 mm
- A área do quadrado gravado na superfície inferior da face superior é de 100 mm2
- O volume sob o quadrado é de 0,15 ml

3g de fezes em 45ml

1g de fezes em 15ml

N ovos em 0,15 ml

X ovos em 15ml

X = N x 15 / 0,15

= N x 100

N x 100 é igual ao número total de ovos por grama contados numa câmara, em que N representa o número de ovos contados. Quando as duas câmaras são contadas, o número total de ovos por grama é igual a

N x 50.

APÊNDICE 1II: Calibração do microscópio

Cada objetiva utilizada foi calibrada com um micrómetro de palco e uma gratícula ocular. A gratícula foi inserida no plano focal da ocular e o micrómetro focado com precisão. Rodou-se a ocular até as duas escalas ficarem paralelas e ligeiramente sobrepostas. Regista-se o número de divisões da gratícula da ocular que coincidem exatamente com um número de divisões do micrómetro da platina s:

Magnification	Eyepiece division	Stage division	No of eyepiece graticule to 1 division of the stage micrometer	No of microns (1 division of stage micrometer =10Ц)
X4	10	25	2.5	25.0
	20	51	2.55	25.5
	30	75	2.5	25.0
	40	100	2.5	25.0
X10	10	10	1.0	10.0
	20	20	1.0	10.0
	30	30	1.0	10.0
	40	41	1.03	10.3

MIX
Papier aus verantwortungsvollen Quellen
Paper from responsible sources
FSC® C105338

Printed by Books on Demand GmbH, Norderstedt / Germany